四川省科技计划资助（2025JDKP0144）

"健康中国"之营养科普丛书

餐桌上的食品安全

吕晓华 —————— 著

电子工业出版社·

Publishing House of Electronics Industry

北京·BEIJING

图书在版编目（CIP）数据

餐桌上的食品安全 / 吕晓华著 . -- 北京 ：电子工业出版社，2025. 5. -- （"健康中国"之营养科普丛书）. -- ISBN 978-7-121-50025-1

Ⅰ . TS201.6-49

中国国家版本馆 CIP 数据核字第 2025GR2784 号

责任编辑：郝喜娟
特约编辑：白俊红
印　　刷：北京宝隆世纪印刷有限公司
装　　订：北京宝隆世纪印刷有限公司
出版发行：电子工业出版社
　　　　　北京市海淀区万寿路 173 信箱　　邮编：100036
开　　本：720×1000　1/16　印张：13.75　字数：242 千字
版　　次：2025 年 5 月第 1 版
印　　次：2025 年 5 月第 1 次印刷
定　　价：88.00 元

凡所购买电子工业出版社图书有缺损问题，请向购买书店调换。若书店售缺，请与本社发行部联系，联系及邮购电话：（010）88254888，88258888。
质量投诉请发邮件至 zlts@phei.com.cn，盗版侵权举报请发邮件至 dbqq@phei.com.cn。
本书咨询联系方式：haoxijuan@phei.com.cn。

民以食为天，食品安全是天大的事。

我们正处在一个充满变革与挑战的时代。科技飞速发展，它在改变人类生活的同时，也在制造各种话题。米袋子越来越充实，菜篮子越来越丰富，中国老百姓早已从"有啥吃啥"变成"吃啥有啥"。然而，食品资源极大丰富的同时，消费者对食品安全状况的担忧与日俱增。转基因食品能不能吃？食品添加剂有没有害？辐照食品该不该有？围绕这些大众关切的问题，争论的声音越来越大。大众缺少专业知识，很容易产生心理恐慌，成为社会不安定因素。

如何应对这些挑战？提高公众科学文化素养是重要途径。

不断曝光的食品安全事件，使消费者出现了空前的"精神焦虑"，"还能吃啥？"成为大众的普遍困惑，这种焦虑的危害甚至大于不安全食品对人体造成的伤害。在"科学"与"真实"之间，大众科普显得尤为重要。在发达国家，在食品工业发展的过程中，食品安全的科学普及也在同步推进，而在我国现阶段，科普宣传已经成为食品产业的短板之一。开展食品安全科普，一个主要的目的是化解大众对食品安全问题的恐慌，减少信息真空，传达科学的声音，让消费者科学认知食品安全。食品安全关系到每个人，食品安全科普有助于提高全民食品安全素质，让食品安全和安全食品的概念传播到千家万户，在全社会形成人人关注食品安全、人人重视健康营养、人人参与保障食品安全的良好氛围，使人们吃得放心，能够以健康的身心投入到工作和生活中。

2010年，我在美国FDA-马里兰大学食品安全与应用营养联合研究所JIFSAN工作。5月的一天，我打开电脑，大量留言中有这么一条："你出国了，对国内的事关心得可能少了，很想知道你对张悟本的评价，以及对湖南卫视《百科全说》的看法？"在随后两天，我利用午饭时间看了老张在《百科全说》的视频段子，回复如下："如果把老张看作一个商人，把《百科全说》栏目看作一档娱乐节目，天下无事。"

出了那么多刘太医、林博士、张大师，权威机构和专家学者在做啥子？尽管老张身后有一个强大的团队在包装运作，但我们也有中国科协、中国营养学会这样的强大机构和团体呀。若干年前，我曾在成都锦江大礼堂聆听营养学界权威面向公众的一场科普报告，占地31863平方米建筑面积30900平方米的会场座无虚席。还记得权威那天讲的是2002年中国居民营养与健康状况调查尚未公布的结果，报告非常学术，罗列了极多的饼图、柱形图、统计学意义。讲罢，会场众人热情降至冰点。我一直不解，为何我们总敌不过利益集团的宣传，难道差距就在有无逐利冲动吗？"权威机构和专家学者关键时刻失语，是对社会民生的责任缺失！"我同意，举双手赞成！就是责任感！一旦有了社会责任感，权威也能温暖贴心、通俗易懂地提醒："最好的医生是自己，最好的医院是厨房，最好的药物是食物，最好的疗效是时间。"

我到JIFSAN上班的第二天，恰巧有个实习生工作期满即将离开，大家为她开欢送会，一个大蛋糕端上桌。OMG！蛋糕的主色调是明亮的蓝和青翠的绿。一屋子搞食品安全的人，个个不惧这有明显人工合成色素的蛋糕。还有，虽然国内对甜味剂的批评声一直不断，在JIFSAN厨房的咖啡机旁边，绝大多数人还是选用糖替代品（说白了就是甜味剂），而不选旁边的普通糖。对美国人来说，"食品添加剂"这个概念跟其他食品成分一样，丝毫没有令人不爽。只要是获得FDA批准的食品添加剂，美国民众就认为是安全的。美国人对食品安全监管机构的信任，从某种程度上讲，归功于潜移默化的食品安全科普。

江湖是江湖人打造的。对食品安全杯弓蛇影的社会现状，管理者、生产者、消费者都是始作俑者。对于消费者，我建议可以多了解一些关于食品安全的常识。面对食品安全新闻，在恐慌与愤怒之前，不妨先淡定地了解一下事情的真实情况。这，便是我提笔的原因。

我仅仅是知识的搬运工，感谢在食品安全领域孜孜不倦探索研究的前辈和后来人。

吕晓华

V

献 给 我 的 父 母

第 1 章

食品中的老对手——微生物

我们的食物并不只有我们自己享受，不经意间，很多看不见的微生物会不请自来，甚至抢在我们前面享受美食。最让我们头疼的还是那些能致病的细菌，它们是食品安全不容忽视的老对手。随着食品工业的发展，我们迎来了越来越多和它们交锋的机会。

中国工程院院士陈君石曾经说："危险是不言而喻的，人吃东西从来就是危险丛生。在我们给自己的周围制造了许多化学污染之前，主要的安全问题来自致病微生物（包括细菌、病毒）和寄生虫。从原始人的火堆到现代的食品工业，一直都存在着人与致病微生物的较量。纵观祖先的饮食经验，与其问食品有没有危险，不如问在危险的森林里如何开出一条能走的路。"

人与微生物的较量，一刻也没有停止过。

现代人可能没有意识到，很多非常"传统"的加工方法，最初的目的是延长食物的保存时间。食品腌制是最古老的杀菌方法之一，各种风味酱菜、蜜饯通过糖或盐"腌"让细菌脱水无法生存。加热、风干也是古老而有效的方法。据说当年唐僧取经穿越沙漠戈壁时，身边带的是一种叫"馕"的食物，这种面饼在我国新疆一直流行至今。

我们的祖先在很长的时间里凭经验行事，并不知道"细菌"的存在。19世纪，法国微生物学家、化学家路易斯·巴斯德发现了微生物致病的机制，他意识到只有防止微生物进入人体才能避免患病。巴斯德这位啤酒爱好者还发现用加热的方法——将牛奶、酱油、啤酒等液体食品加热到62℃并持续30分钟——可以杀灭那些让啤酒变酸的恼人细菌。由他发明的这种方法现在被称为"巴氏消毒法"，其优点在于用较低的温度杀死食品中的致病细菌，既可以保持食品营养和风味，又可以保证食品安全。该方法至今仍在食品工业中被广泛使用。

世界卫生组织（WHO）食品安全五大要点

要点	措施	理由
 ① **保持清洁**	✓ 餐前便后要洗手，洗净双手再下厨 ✓ 饮食用具勤清洗，昆虫老鼠要驱除	大多数微生物不会引起疾病，但泥土和水中，以及动物和人身上常存在致病微生物。抹布、砧板等用具可携带这些致病微生物，稍经接触即可污染食物并造成食源性疾病
 ② **生熟分开**	✓ 生熟食品要分开，切莫混杂共保存 ✓ 刀砧容器各归各，避免污染把病生	生的食物，尤其是肉、禽和水产品及其汁水，含有致病微生物，在制备和储存食物时可能会污染其他食物
 ③ **做熟**	✓ 肉禽蛋品要煮熟，贪吃生鲜太糊涂 ✓ 虫卵病菌须杀尽，再度加热也要足	适当烹调可杀死所有致病微生物。研究表明，烹调食物达到70℃的温度可确保安全食用。需要特别注意的食物包括肉馅、烤肉、大块肉和整只禽类
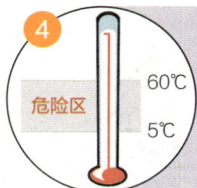 ④ **保持食物的安全温度**	✓ 熟食常温难久藏，饭菜及时进冰箱 ✓ 食前仍须加热煮，冰箱不是保险箱	如果以室温储存食品，微生物可迅速繁殖。把温度保持在5℃以下或60℃以上，可以使微生物生长速度减慢或停止。有些致病微生物在5℃以下仍能生长
 ⑤ **使用安全的水和原材料**	✓ 饮食用水要达标，菜果新鲜仔细挑 ✓ 保质期过不再吃，莫为省钱把病招	食物原料，包括水和冰，可能被致病微生物和化学物污染。受污染食物和霉变食物中可形成有毒化学物质。谨慎选择食物原料并采取简单的措施，如清洗、去皮，可降低患食源性疾病的风险

一、年年交锋的老对手——沙门菌

2006年4月12日晚，某大学食堂发生食物中毒事件，共有258名学生和教职工出现腹痛和腹泻症状到医院就诊，确诊病例有206人。截至4月18日上午，全部患者痊愈出院。广东省疾病预防控制中心经过取样化验，初步确认中毒事件是由肠炎沙门菌感染引起的。造成这起200多人食物中毒事件的主要原因是盛装食品的容器、分切熟食的砧板等用具未按规定进行消毒，致使食品被肠炎沙门菌污染。

沙门菌在自然界中广泛存在，生命力较强，但不耐热，55℃条件下加热1小时或60℃条件下加热15～30分钟即可被杀灭，100℃条件下立即死亡。该菌在适宜的环境中——20～30℃——可迅速繁殖，经2～3小时即可达到引起中毒的细菌数量。能让沙门菌生存的媒介食品，主要有肉、蛋、奶及其他动物性食品。在各国细菌性食物中毒病例中，沙门菌引起的食物中毒位列榜首，约有20%的食物中毒源自沙门菌。

我喜欢肉、蛋、奶，你们也不容易发现我，杀死我的办法只有煮熟、煮透

一般情况下，畜禽的肠道内经常带有沙门菌，在畜禽抵抗力低下时，沙门菌可通过血液循环引起全身感染，使肉和内脏大量带菌。另外，畜禽被宰杀后也可经各种途径使肉受到沙门菌污染。

从2010年5月开始，美国陆续发现多起沙门菌食物中毒的报告，患病人数超过2000名。经过排查，FDA最终确定多数病例是由于食用了被沙门菌污染的鸡蛋引起的。美国开始全面召回"问题鸡蛋"。截至2010年8月23日，已召回5.5亿枚鸡蛋。FDA认为，问题应该出在产蛋鸡身上。一方面，体质较弱的母鸡带菌量很高，它们产出的鸡蛋本身就含有一定数量的沙门菌；另一方面，那些出问题的鸡舍卫生状况较差，"可能有老鼠在鸡舍附近活动"，这也许是导致大量含沙门菌的鸡蛋产生的原因之一。

但FDA也不排除鸡蛋在运输过程中发生了二次污染。鸡蛋在农场被收集之后，蛋壳上往往粘有母鸡的排泄物，这些排泄物中含有大量沙门菌，是最常见的鸡蛋污染源。若鸡蛋破壳，或者产生裂缝，细菌就会在鸡蛋内繁殖，产生数以千万计的沙门菌。如果生吃鸡蛋或鸡蛋未烹熟，这些细菌就会感染人，引发急性肠胃疾病。

除了鸡蛋本身的问题，吃半生鸡蛋的习惯也是导致这次沙门菌食物中毒病例增多的原因。人若食用了含有沙门菌的鸡蛋，8～72小时会出现发热、腹痛、腹泻和关节疼痛等症状，严重的可致死。不过美国还没有发生过因食用被沙门菌污染的鸡蛋而死亡的病例。

食品安全小锦囊

- 鸡蛋在5℃以下冷藏。
- 不要食用破损的鸡蛋，避免食用生鸡蛋。
- 将鸡蛋煮熟——煮到蛋白与蛋黄都凝固的程度。熟蛋及时放入冰箱冷藏，在室温下放置不要超过2小时。
- 外出用餐时，避免接触盛装生鸡蛋的餐具，避免食用含不熟蛋类的食品。

鸡蛋食用小锦囊

清洗干净

不可生食

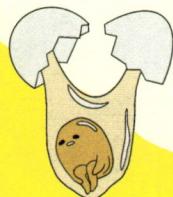

破损勿食

保持5℃以下冷藏

5℃

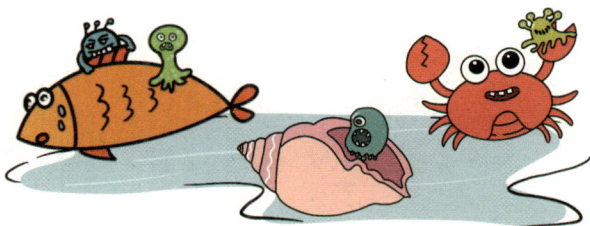

二、生猛海鲜——副溶血性弧菌

2003年8月5日下午6时，中国北方沿海某单位员工在单位食堂共进晚餐。3小时以后，第一例以恶心、呕吐、腹痛和腹泻为主要症状的患者到医院就诊，随后症状相同的患者逐渐增多。8月6日上午5~9时患者人数达到高峰，至下午2时，共有12人发病。所有患者症状相似，均表现为上腹部阵发性绞痛，恶心、呕吐，腹泻，大便为水样便（每日5~8次）。发病者均于前一晚在单位食堂就餐。经调查，当日晚餐主食为米饭，副食为炒黄花菜、油炸花生米、炖鸡、土豆炖排骨、红烧牛肉、煮蚶子。进食煮蚶子的有18人，其中有12人发病；未进食煮蚶子的有3人，未发病。因此蚶子成为主要可疑食品。从剩余的蚶子中检出副溶血性弧菌，从患者粪便和肛拭子标本中也检出副溶血性弧菌。结果证实，这是一起由受副溶血性弧菌污染的蚶子未煮熟引起的细菌性食物中毒事件。

副溶血性弧菌广泛存在于近岸海水和鱼、贝类等水产品中，因喜爱高浓度的食盐又被称为"嗜盐菌"。该菌在一定环境中很容易死亡，加热到56℃并持续5分钟即可将其杀死；在食醋中该菌只能存活1分钟。引起副溶血性弧菌食物中毒的常见食物为水产品和盐渍食品，尤其是虾、蟹、贝类及各种海鱼。生吃水产品是主要的中毒原因，偶尔也可由咸蛋、咸菜等引起。副溶血性弧菌引起的食物中毒多发于5~11月，高峰期在7~9月，有明显的季节性特点。在我国沿海地区，副溶血性弧菌食物中毒是最常见的食物中毒。夏秋季是高温季节，也是旅游旺季，到沿海地区品尝海鲜时，一定要防范副溶血性弧菌食物中毒。

食品安全小锦囊

针对副溶血性弧菌"嗜盐、畏酸、不耐热"的特点，可采取措施：

● 选购新鲜、外壳完整及未开口的贝类，购买量以当天吃完为宜。

● 食物彻底烧熟、煮透，贝类须煮至完全开口，开口后仍须继续烹煮
5～10分钟才可食用。

● 生吃水产品前，应用冷开水反复冲洗，再加入食醋浸泡杀菌。

三、生化武器变成美容秘方——当心肉毒中毒

近些年来，美容界兴起一股"肉毒除皱"的风潮。肉毒毒素最早被当成生化武器使用，它能破坏神经系统，使人出现头晕、呼吸困难、肌肉乏力等症状；后来被医学界用来治疗面部痉挛和其他肌肉运动紊乱症。1986年，加拿大一位眼科教授发现肉毒毒素能让患者眼部的皱纹消失，由此引发了美容史上所谓的"Botox革命"。此后，美容界将它的功能放大，如瘦脸、塑小腿等。其实这种做法风险很大。

2006年3月15日起，泰国北部的班銮地区医院有几名村民以"胃肠炎"就诊，随后又出现10名有类似症状的患者，有人已出现吞咽困难、口干、肌肉乏力等症状，医生高度怀疑为肉毒中毒。原来在前一天，约330名村民在班銮地区的一个小村庄举行一年一度的宗教活动。在此期间，2桶各20升装的自制竹笋罐头未经加热，就被当作午饭分装在塑料袋中发给了村民。在接下来的一周里，共有209名村民发生肉毒中毒，其中134人住院治疗，甚至有42名村民使用了呼吸机。中毒事件发生后，泰国政府立即寻求国际紧急援助，来自加拿大、美国、英国和联合国

的肉毒抗毒素迅速被送达泰国。由于应对迅速，未发生死亡病例。据泰国疾控中心负责人称，如此大规模的肉毒中毒，在泰国乃至全球疾病史上都属罕见。

2006年1月，我国贵州也发生了一起因食用自制豆豉而引起的食物中毒事件，造成2人死亡。58岁的农民盘某一家先后有5人发病，发病者出现视力模糊、四肢乏力、眼睑下垂、吞咽困难、呼吸不畅等症状。其弟媳因病情危重，于1月27日死亡。1月28日下午，盘某被送往医院，翌日晚，其妻发病身亡。另有两人病情不严重，在县医院接受治疗。刚开始，医院怀疑他们感染了禽流感，但省疾病预防控制中心进行细菌学分析，在患者食用过的豆豉中培养出了肉毒梭菌，这才确定这是一起肉毒中毒事件。肉毒抗毒素很快被空运到了贵阳，3名患者获救。

肉毒中毒过去主要发生在新疆、甘肃、青海、山西、黑龙江、辽宁、吉林、内蒙古等北方地区。这些地方冬季长，新鲜蔬菜很少，当地居民习惯将大豆发酵制成豆制品，或者家庭制作风干肉，自制食品容易产生肉毒毒素。肉毒中毒在国外也时有发生，美国每年发生100多起。

密闭发酵的自制食品

腊肉

豆酱

甜面酱

导致肉毒中毒的细菌是肉毒梭状芽孢杆菌（简称"肉毒梭菌"）。在有氧环境下，肉毒梭菌不能生长，只能生成芽孢。这种芽孢对环境的适应力极强，能长期在土壤中存活。一旦环境适宜，特别是当某些食物被肉毒梭菌芽孢污染，又处于厌氧环境中时，肉毒梭菌就会从芽孢状态转变成繁殖体而大量滋生，同时产生肉毒毒素。

肉毒毒素是一种具有剧毒的蛋白质，共分为7种类型，常见的是A、B、E型毒素，极少数为F和G型。E型中毒通常与食用鱼类等水产品有关。

家庭调制或储藏的豆腐乳、豆豉、甜面酱、腊肉、罐头等食品，如果原料或成品污染了肉毒梭菌，在缺氧、温度适宜及营养充足的条件下，就可能产生肉毒毒素，食用后很容易导致中毒。

肉毒中毒以神经系统症状为主，肉毒毒素会引起肌肉麻痹，最初出现视力模糊或复视、眼睑下垂、语言不清、吞咽困难及口腔干燥和肌肉无力症状。之后，患者渐渐出现四肢和躯体肌肉麻痹症状，也会出现呕吐、便秘或腹泻症状，严重时会因呼吸肌麻痹引起窒息而死亡。另外，患者的潜伏期长短和症状严重程度与摄入量有密切的关系。潜伏期最短为6小时，最长可达10天。

婴儿肉毒中毒是婴儿食品中含有的肉毒梭菌的芽孢引起的。1岁以下婴儿的肠道是厌氧环境，芽孢在肠内增殖并产生毒素，进而引起中毒。

肉毒梭菌的芽孢耐热，在100℃煮沸的情况下，仍能存活数小时；在120℃的湿热条件下，30分钟才能杀死芽孢。不过肉毒毒素却很容易被加热破坏，80℃加热30分钟，就能避免肉毒中毒。

肉毒中毒病情凶险，应及时到医院用特殊的抗毒素血清进行治疗。

食品安全小锦囊

- 不吃腐败变质食品，不吃鼓盖的罐头。
- 家庭自制豆制品要敞开种霉，以短时霉制为主。
- 腌制肉制品及家庭自制瓶装食品，要煮沸10分钟后再食用。
- 蜂蜜中可能含有肉毒梭菌的芽孢，1岁以内婴儿慎食蜂蜜。

四、家喻户晓的大肠杆菌

如果说哪种细菌家喻户晓，当属大肠杆菌。大肠杆菌无处不在，它是人和动物肠道内的一种正常细菌，绝大多数对人体无害。但世界各地每年都会发生因大肠杆菌而导致的食物中毒事件。

2006年9月，一场来势汹汹的大肠杆菌感染事件席卷了半个美国，导致数人死亡，数百人入院接受治疗。谁也没有想到，这一事件的罪魁祸首竟是常见的菠菜。从菠菜中检测到大肠杆菌O157：H7后，袋装菠菜终于被正式确定为此次大肠杆菌感染事件的元凶。截至10月14日，O157：H7感染波及美国25个州。最后调查发现，养牛场的粪便污染了菠菜种植地的水源，导致了美国"毒菠菜"风波。

无独有偶，2011年5月起，德国16个州中有15个州发现了600多例出血性肠炎确诊或疑似病例。患者主要分布在德国北部，其中汉堡市最为严重，共出现400多例确诊或疑似病例，包括91例溶血尿毒综合征。"毒蔬菜"风波在欧洲蔓延。路透社报道，瑞典出现36例疑似感染肠出血性大肠杆菌病例，英国、丹麦、法国和荷兰也报告了少量感染病例。此次疫情在患者年龄段和性别上表现出引人注目的特异性。以往肠出血性大肠杆菌感染病例的最高发病率出现在15岁以下的儿童中，成年人所占比例较低，并且男女比例大致相当。而此次的重症患者中，18岁

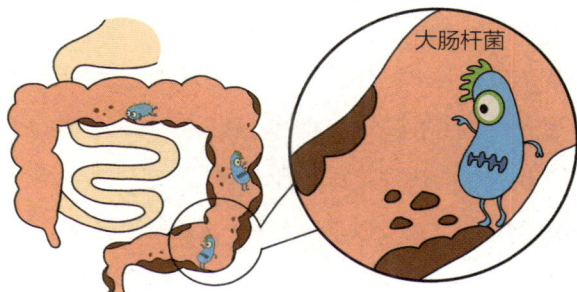

大肠杆菌

以上的人所占比例达87%，其中女性占68%。此外，14名死者中只有两名男性。最终确定，此次疫情是由一种名为"Husec41"的肠出血性大肠杆菌变种引起的，豆芽是引起中毒的食物。

大肠杆菌O157是怎样致病的？

大多数大肠杆菌是寄生在人和动物肠道内的一种正常细菌，一般不会致病。但少数大肠杆菌可以和痢疾杆菌、霍乱弧菌一样分泌毒素或侵入肠壁细胞，引起肠道感染。大肠杆菌O157就是其中的一种。这种编号为"O157"的大肠杆菌在感染肠道后，可以产生一种损害肠黏膜血管的毒素，不仅能引起腹泻，还能引起肠道出血，所以也被称为"肠出血性大肠杆菌"。它引起的疾病被称为"出血性肠炎"，表现为突然发生的剧烈腹痛、腹泻，最初为水样大便，几天后变成血水样大便，不发热或仅有轻度发热。

大肠杆菌O157产生的毒素可穿透肠壁，进入血液。人的血细胞和肾脏细胞里有一种被称为"受体"的结构，容易和这种细菌毒素结合，毒素损害细胞，产生严重的并发症，被称为"溶血尿毒综合征"，表现为红细胞溶解、血小板破坏、肾功能衰竭。这种并发症病死率很高。江苏省淮北地区曾报告95例因大肠杆菌O157感染导致的溶血尿毒综合征，死亡83例，病死率87.37%。

大肠杆菌O157是怎样流行的？

这种细菌主要寄生在家畜和家禽身上，家畜和家禽的粪便中常含有大量细菌，污染食物或水源，通过消化道感染人。特别值得注意的是，大肠杆菌O157常常通过食物而暴发和流行。

1982年，美国的俄勒冈州和密歇根州分别出现了一起出血性肠炎病例，美国医生从一名腹泻患者的粪便中首次分离出大肠杆菌O157。经调查发现，这些患者都是吃了一家连锁快餐店的快餐后发病的。1996年7月在日本大阪地区发生的大肠杆菌O157感染，可以说是有史以来最大的一次暴发和流行了。当时由同一家快餐公司提供盒饭的62所公立小学的6351人被感染，这次流行随后波及了日本的40

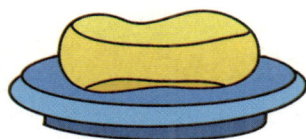

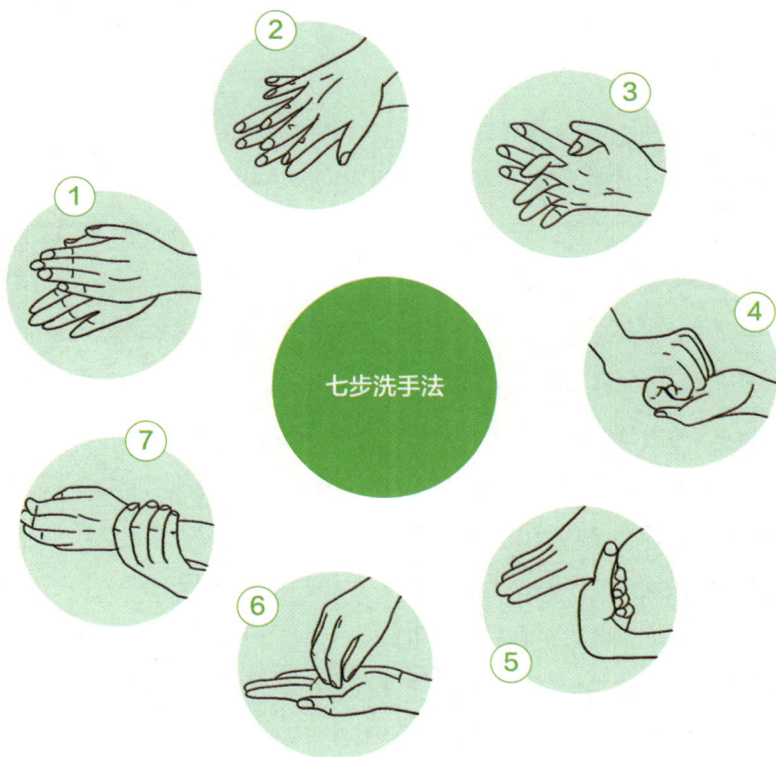

七步洗手法

多个府县，患者总数近万人。

如何预防大肠杆菌O157的流行？

大肠杆菌O157引起的出血性肠炎有明显的季节性，多发生于夏季。大肠杆菌O157的毒力相当强。迄今为止，还没有切实有效的治疗方法。其实，大肠杆菌O157是不难预防的。这种细菌对热敏感，消毒剂也是它的致命克星。加热食物、勤洗手是预防大肠杆菌食物中毒的有效措施。在进食或处理食物前、如厕后、处理完婴儿的尿片后、接触动物或其他污秽物后都应彻底清洁双手。

五、脆弱的细菌与顽强的毒素

日本一直宣称"一杯牛奶强盛一个民族"，喝牛奶的习惯在日本根深蒂固。夏天人们也喜欢饮用冰镇牛奶来消暑。雪印、明治和森永曾被并称为"日本三大牛奶品牌"，虽然这三个品牌的牛奶价格比普通牛奶高出近50%，但许多日本人依然对这三个品牌有深厚的品牌忠诚度和依恋。几乎每个日本家庭都是这三个品牌中某一个的拥趸，但是一次工作上的失误，不但让雪印成为日本乳制品老大的美梦破灭，更让这家老品牌无法经营牛奶业务。

自2000年6月26日到7月10日，近半个月的时间内，日本关西地区共有1.4万人由于饮用日本雪印乳业公司生产的牛奶而出现不同程度的呕吐、腹泻、腹痛等不适症状。一位84岁的老太太，在喝牛奶后因引发其他并发症而去世。

雪印乳业公司成立于1925年，是日本最大的牛油奶酪生产商，旗下除乳制品外，还生产冷冻食品和酒类食品。雪印乳业公司在全国拥有35家工厂，素来拥有良好的声誉。为什么会出现食物中毒事件呢？经过查证，这起"毒牛奶事件"的起因是生产牛奶的脱脂奶粉受到了金黄色葡萄球菌污染。事件的过程是：在当年的3月份，雪印位于北海道的制造脱脂奶粉的大树工厂发生停电，持续3个小时。

原本应该冷却的原料奶温度保持在50℃，而金黄色葡萄球菌超过30℃就会繁殖，在35℃以上会大量繁殖。再次来电时，按照常理来说，应该把这批奶报废，可是雪印没有这样做，而是将其储存起来，作为脱脂奶粉原料使用，最终引发了一件惊天大案。

事件发生后，雪印对危机处理不力招致民众抵触，再加上经营不善，不得不宣布终止经营牛奶业务，品牌信誉毁于一旦。

我最喜欢居住在奶、蛋、肉等高蛋白食品中，如果再有点淀粉，就更安逸了

金黄色葡萄球菌

金黄色葡萄球菌在自然界中无处不在，可存在于空气、水、灰尘及人和动物的排泄物中，很容易让食物受到污染。金黄色葡萄球菌肠毒素引起的食物中毒是一个世界性的卫生问题。美国疾病预防控制中心报告，由金黄色葡萄球菌引起的感染占第二位，仅次于大肠杆菌。在美国，由金黄色葡萄球菌肠毒素引起的食物中毒占细菌性食物中毒的33%，在加拿大可达45%，我国每年发生的此类食物中毒事件也很多。

1997年，美国佛罗里达州一次聚会后的24小时内，125人中有31人出现恶心、呕吐等症状。原因是聚会中吃的8千克火腿烤好后，用了一个没有充分洗干净的刀来切，切好的火腿片没有及时冷藏，导致金黄色葡萄球菌大量繁殖且产生大量毒素。

2002年，澳大利亚举办了一场600人参加的公众活动，许多人在现场用餐，活动结束后250人出现了恶心、呕吐、胃痉挛的症状，其中100多人需要住院治疗。饭菜是在前一天准备好的，第二天加热之后提供给就餐者。根据患者症状及食物情况，最可能的原因是金黄色葡萄球菌污染了食物。

2011年10月，"思念"三鲜速冻水饺被检出含有金黄色葡萄球菌；2011年11月，"三全"白菜猪肉水饺被检出含有金黄色葡萄球菌；"湾仔码头"上汤小云吞也被检出了金黄色葡萄球菌。三大冷冻食品品牌同陷"细菌门"。

金黄色葡萄球菌是一种球状细菌，在显微镜下看，它们聚集成簇，像葡萄一样。不管有没有氧气存在，它们都可以生长。在良好的营养环境中，它们会长成黄色的菌落。

在健康人的身体中，鼻子、喉和手是最适合它们生长的地方。此外，皮肤伤口处也容易大量滋生金黄色葡萄球菌。该细菌对温度很敏感，在高温下相当脆弱。超过46℃，它们就有点扛不住了；55℃，它们当中的90%撑不过3分钟；煮饺子的温度，对它们来说比"秒杀"还要迅速。不过，它们作恶并不是通过自身，而是由它们分泌的肠毒素来完成的。这些肠毒素会引起恶心、呕吐、胃痉挛和腹泻等症状。中毒症状一般在1～6小时出现，最快的甚至半小时就出现症状。大多数人症状不严重，在两三天内会康复。

虽然金黄色葡萄球菌很脆弱，但是它们制造的肠毒素极为顽强。在牛奶中，金黄色葡萄球菌肠毒素经100℃加热70分钟，还会有10%的活性。一般的烹调温度不能破坏它，218～248℃的油温才能破坏它。它的毒性也比较强，1微克就可以引发症状。如果食物中的金黄色葡萄球菌达到每克10万个，就能产生1微克水平的肠毒素。

金黄色葡萄球菌肠毒素食物中毒多发生在夏、秋季节，其他季节亦可发生。最容易被金黄色葡萄球菌污染的食物有乳及乳制品、蛋及蛋制品、各类熟肉制品、含有乳制品的冷冻食品，个别中毒病例的中毒食物为含淀粉食品。中毒原因主要是被金黄色葡萄球菌污染的食品在较高温度下保存的时间过长。在25～30℃环境中放置5～10小时，就能产生足以引起食物中毒的金黄色葡萄球菌肠毒素数量。

100℃ 也很难
杀死我

金黄色葡萄球菌肠毒素

食品安全小锦囊

- 制备食物之前洗手。

- 鼻子或眼睛感染时不制备食物，手或手腕有伤口时不制备食物，也不端送食物。

- 做好的食物装在宽而浅的容器中，尽快冷藏。

- 人们通常习惯"把食物放凉之后再放冰箱"，从食品安全的角度，这并不合理。在室温下放凉，食物会有很长的时间处于适合细菌生长的温度。在美国和澳大利亚的那两起食物中毒事件中，没有及时冷藏食物都是造成细菌增殖的原因。

六、小心藏在冰箱里的李斯特菌

家庭冰箱里有一个致命的杀手——单核细胞增生李斯特菌，简称"李斯特菌"。李斯特菌是1926年英国南非裔科学家穆里在病死的兔子体内首次发现的，为纪念近代消毒之父、英国生理学家约瑟夫·李斯特（1827—1912），1940年举办的第三届国际微生物学大会将该菌命名为"李斯特菌"。这种细菌是常见的土壤细菌，对营养要求不高。李斯特菌有以下几个特点：①分布广。李斯特菌无处不在，土壤、水域（地表水、污水、废水）、昆虫、植物、鱼、鸟、野生动物和家禽，以及绝大多数食品中都能找到该菌。②嗜冷。-20℃条件下可存活一年，能在普通冰箱冷藏室中生长，是一种典型的耐冷性细菌，在60℃时很快死亡。③酸碱性环境都能适应，同时还具有耐盐性。④在无氧环境下繁殖更快。李斯特菌是暗藏在冷藏食品中威胁人类健康的主要病原菌，带菌率较高的食品有乳制品、熟肉制品、蔬菜、水果、水产品、冰淇淋等。

李斯特菌

近年来，欧美国家不断有李斯特菌食物中毒事件的报道。

在美国，1967—1969年报告有255例李斯特菌感染病例。到了1987年，已达到1500例。美国疾病预防控制中心报告，美国每年发生1600～2000例李斯特菌感染，死亡450人，其中多为孕妇和新生儿。2011年，因食用被李斯特菌污染的甜瓜，美国有146人患病，30人死亡。"甜瓜事件"是美国进入2000年以来最严重的一起食物中毒事件。

李斯特菌食物中毒初期表现为恶心、呕吐、腹泻等胃肠道症状，中毒严重者表现为脑膜脑炎、败血症，孕妇感染则可引起流产、早产、死胎和新生儿败血症。病死率接近30%。老年人、孕妇和慢性病患者等免疫力较差人群最易感染，且病情较重。发生中毒有五种主要原因：一是食品未彻底加热；二是冰箱内冷藏的熟食品，取出后便直接食用；三是冰箱内冷藏的生食品未烧熟、煮透；四是冰箱内冷藏的乳与乳制品，取出后便直接食用；五是真空包装的食品直接食用。

食品安全小锦囊

李斯特菌具有嗜冷性，所以，食品放进冰箱也不保险。

- 冰箱冷藏的食品存放时间不宜超过 1 周。
- 冷藏食品应彻底再加热（100℃，2 分钟）后食用。
- 冷藏牛奶最好煮沸后食用。
- 慎食生冷肉制品、乳制品、凉拌菜、盐腌食品。
- 真空包装熟食要蒸热后食用。

七、婴儿配方奶粉中的隐形杀手——阪崎肠杆菌

"欺软怕硬"是致病菌的特点，出生不到 6 个月的婴儿，尤其是早产儿和低体重婴儿，对致病菌无任何招架之力。2004 年安徽阜阳发生"大头婴儿"事件，据该市县级以上医疗机构核查统计，从 2003 年 5 月起到事件发生时，因食用劣质奶粉出现营养不良综合征共 171 例，死亡 13 例，病死率 7.6%。婴儿发病和死亡的主因是劣质奶粉导致了营养不良，但是现在回过头来看，有一个可能的致病因素在当时被忽略了——这些劣质奶粉中含有阪崎肠杆菌。阜阳劣质奶粉事件发生后，中国疾病预防控制中心原营养与食品安全所从 87 份阜阳劣质奶粉样品中检测出 11 份阪崎肠杆菌阳性样品，污染阳性率为 12.6%。这是国内首次从婴儿配方奶粉中分离出阪崎肠杆菌菌株。

阪崎肠杆菌并不是近年才发现的新致病菌。早在 1929 年，有报道称一种能产生黄色素的菌落是一起婴儿败血症病例的致病菌，这种致病菌即现在的阪崎肠杆菌，当时被称作"黄色阴沟肠杆菌"。1974 年，日本微生物学家阪崎从土壤、水、

排污管、动物和人类排泄物中分离出该菌。1980年，该菌被更名为"阪崎肠杆菌"。阪崎肠杆菌是在人和动物肠道内寄生的一种革兰氏阴性无芽孢杆菌，是肠道正常菌群中的一种，在一定条件下可引起人和动物发病，属于条件致病菌。一般情况下，该菌不会对人体健康产生危害，因此一直未被临床重视。直到1961年，英国的两位医生首次报告了两例由阪崎肠杆菌引起的新生儿脑膜炎之后，美国、丹麦、希腊、加拿大、比利时、英国、荷兰、冰岛等国相继发现了新生儿阪崎肠杆菌感染病例，其中不乏大规模感染及流行的报道。人们开始认识到，婴儿配方奶粉是当前阪崎肠杆菌的主要感染渠道，对于婴幼儿和免疫力差的人，可能引起肠道菌群紊乱、婴儿和早产儿脑膜炎、败血症及坏死性结肠炎等严重疾病，死亡率高达40%～80%。阪崎肠杆菌已引起各国的重视。

我肚子好痛啊

国际食品微生物标准委员会将阪崎肠杆菌列为"对特定人群产生严重的生命危害或产生慢性后遗症"的微生物。2004年初，联合国粮食及农业组织和世界卫生组织在日内瓦召开了有关婴幼儿配方奶粉中阪崎肠杆菌及其他病原微生物（包括沙门菌、肉毒梭菌等）的专家咨询会，将阪崎肠杆菌和沙门菌共同列为婴幼儿配方奶粉A类致病菌，认为婴幼儿配方奶粉中的阪崎肠杆菌和沙门菌等是导致婴幼儿感染、疾病和死亡的主要原因，尤其对发育不良、免疫功能差的婴幼儿最具杀伤力。来自美国FDA的监测表明，在美国出生的体重偏低的新生儿中，阪崎肠杆菌感染率为8.7/100000；而1岁以下婴儿感染率为1/100000，感染死亡率为20%～50%。1961—2003年全球有案可稽的48起婴儿感染事件中，有25起是新生儿感染。在我国，2011年4月1日开始实施的《食品安全国家标准 婴儿配方食品》首次将阪崎肠杆菌纳入婴儿配方食品检测范围。

配方奶粉中的阪崎肠杆菌

联合国粮食及农业组织和世界卫生组织发布的通报表明，在不同地区，婴幼儿配方奶粉中的阪崎肠杆菌检出率在2%～22.7%。

阪崎肠杆菌生长温度范围很广（6～47℃），可在婴幼儿配方奶粉生产至食用的整个过程中存活，因此，如果冲调好的奶粉中含有少量的阪崎肠杆菌（1菌落形成单位/毫升），该菌在较短时间内就能大量繁殖。用低于70℃的水冲调奶粉，多数阪崎肠杆菌能存活。阪崎肠杆菌无法在4℃条件下生长，在4℃冰箱中储存时会逐渐死亡。与其他细菌相比，阪崎肠杆菌对渗透压和干燥有相当高的耐受力，婴幼儿配方奶粉受阪崎肠杆菌污染，很可能发生在干燥和罐装阶段。阪崎肠杆菌具有铠甲般的菌毛结构，能在配方奶粉长达24个月的保存期内存活。

食品安全小锦囊

切记：婴幼儿配方奶粉不是无菌产品。

● 调制配方奶粉时始终使用安全饮用水。调制配方奶粉的水，应该在沸腾后冷却几分钟，使其达到既能够保证巴氏消毒但又不至于产生团块的温度（70～90℃）。需要强调的是，**配方奶粉喂食婴幼儿前应该冷却到人体温度**。

● 每次调制够一次喂食量的配方奶粉，避免剩余。如有剩余应放置在0～4℃的冰箱里保存，并在食用前再加热。

● 冲调配方奶粉的器具应经常高温消毒。

八、真菌毒素，你了解多少？

火鸡X病与黄曲霉毒素

1960年春天，在英格兰东南部的养鸡场，大量火鸡突然出现食欲不振、双翅无力、昏昏欲睡的症状，而且走路摇摇晃晃，它们的病情越来越严重。一周后，这些火鸡相继死去。更可怕的是，火鸡大批死亡如同瘟疫般迅速扩散到其他村庄。农户们一筹莫展，只能眼睁睁地看着自己饲养的火鸡不断死去。从春天到夏天，在三四个月里，共有十多万只火鸡病死。这就是史上著名的"十万火鸡事件"。当时农户们不知是什么疾病造成了火鸡死亡，就将这种怪病叫作"火鸡X病"。与此同时，在非洲的乌干达也发现了类似的小鸭死亡事件。人们开始寻找原因，最后发现火鸡和小鸭的死亡都与饲料有关，它们的饲料中都添加了从巴西进口的花生粉。1961年，科学家对花生粉进行分析，得出结论：花生霉变，霉菌产生的有毒代谢物是导致火鸡和小鸭死亡的"罪魁"，这种毒素被命名为"黄曲霉毒素"。至此，世界各国开始对食用霉变粮食问题高度重视，同时开始研究真菌毒素。

黄曲霉毒素

黄曲霉毒素是一类剧毒物质，有很强的急性毒性、慢性毒性和致癌性。在黄曲霉毒素中，黄曲霉毒素B_1的毒性最强，急性毒性是氰化钾的10倍、砒霜的68倍。一次大量摄入，即可引起急性中毒；连续低剂量摄入，则可引起慢性中毒。黄曲霉毒素M_1也是一类高毒、强致癌性物质，其毒性是氰化钾的3倍、砒霜的20倍。黄曲霉毒素与人类肝癌的发生关系密切，它具有极强的致癌、致畸、致突变性，被国际癌症研究机构认定为1类致癌物。

　　除了对人和动物造成健康损害，黄曲霉毒素对粮食作物的影响也很大。据联合国粮食及农业组织报告，全球25%的粮食作物受到真菌毒素的影响，其中主要是黄曲霉毒素。黄曲霉毒素降低了粮食作物的产量，造成极大的经济损失；还降低了饲料的营养价值，使饲料的外观和适口性变差，造成畜禽采食量降低，饲料利用率降低，生产性能下降，肉品品质下降。据美国的农业经济统计数据，动物食用被黄曲霉毒素污染的饲料，每年至少给美国畜牧业造成10%的经济损失。在我国，由此带来的畜牧业经济损失更大。

　　以下是一些黄曲霉毒素危害人类健康的案例。

　　1974年，印度西部的古吉拉特邦和拉贾斯坦邦暴发了黄疸型肝炎疫情，患者表现为短暂发热、厌食及呕吐，继而出现黄疸。有些患者在2～3周出现腹水及下肢水肿、肝脾肿大症状，病死率很高。从1974年10月下旬起，疫情持续了2个月之久，波及200个村庄，患病397人，死亡106人。继人患肝炎后数周，该地区的很多狗也出现了腹水和黄疸，2～3周死亡。疫情调查发现，发病区局限在长期干旱的农村地区，患者都以玉米为主食。肝炎疫情流行前，当地曾突降大雨，居民储存的玉米大多发霉。调查人员随即采集了玉米、高粱、小麦和小米样品，结果发现从患者家采集的样品全部检出黄曲霉，黄曲霉毒素的含量远远超过世界卫生组织制定的最高允许浓度。这是黄曲霉毒素引起中毒性肝炎的典型案例。

　　2004年6月，肯尼亚东部和中部省份不断出现急性肝炎病例。截至2004年7

月20日，317人患病，125人死亡。调查发现，当地主要种植玉米，当地人日常吃用粗玉米粉熬成的玉米粥。玉米收获后，农民将大部分玉米储藏起来作为家庭主食，少部分出售。2004年肯尼亚发生旱灾，粮食短缺。而在收获玉米的时节，疫区连降大雨，使收获的玉米霉变，最终导致农民的存粮和市场上销售的玉米都被黄曲霉毒素污染，酿成肯尼亚有史以来危害最严重的黄曲霉毒素中毒事件。

2004年5月起，广西多个养鸭场的雏鸭出现贫血消瘦、慢性腹泻、偏瘫或跛行症状，最终被诊断为黄曲霉毒素中毒合并细菌感染。2004年10月，广西沿海的蛋鸭产蛋量大幅度下降，最终查明原因是鸭饲料黄曲霉毒素超标。2004年8月，我国出口到阿尔及利亚的2500吨花生被该国以黄曲霉毒素超标为由拒绝入境。

2011年12月24日，蒙牛乳业（眉山）有限公司生产的一批次产品被检出黄曲霉毒素 M_1 超标140%。12月25日，蒙牛发布声明致歉。另一款福建产的长富纯牛奶也被检出黄曲霉毒素超标。

黄曲霉毒素的来源

黄曲霉广泛存在于土壤中，生长要求不高。不是所有的黄曲霉都产生毒素，只有黄曲霉中的少数菌株产毒。即便是产毒的黄曲霉菌株，也必须在一定条件下才能产毒。

首先是水分。如果没有一定水分，黄曲霉很难在粮食或食品中生长。干燥环境可以抑制产毒黄曲霉的繁殖。

其次是温度。适宜的温度对黄曲霉繁殖和产毒都有重要的影响。黄曲霉的最低繁殖温度是6~8℃，最高繁殖温度是44~46℃，最适生长温度为37℃左右。产毒温度低于最适生长温度——在28~32℃，最适空气相对湿度为80%~85%。我国长江流域及以南的广大高温高湿地区是黄曲霉毒素污染较严重的地区，广西的产毒黄曲霉分布较广。总的分布情况为：华中、华南、华北产毒菌株较多，产毒量也大；东北、西北地区较少。印度、非洲等高温高湿地区的食品也易受黄曲霉毒素污染。

最后是食物基质。只有适宜的食物才能产生黄曲霉毒素，不同食物基质的黄曲霉生长情况不同。黄曲霉主要利用碳水化合物作为营养源，因此很容易在含糖量高的粮谷类食物上生长。花生及其制品、玉米、大米、棉籽、向日葵等粮油作物最容易被污染；干果类的核桃、杏仁、无花果比较容易被污染；动物性食品中的乳制品、肝、干黄鱼、虾和调味品中的干辣椒、香辛料、酱油等也可被黄曲霉毒素污染。大豆的黄曲霉毒素检出率很低。黄曲霉毒素在花生、玉米、大米收获前、收获后，以及储存、运输和加工过程中均可产生。

动物性食品中也可能检出黄曲霉毒素，原因是动物在食用了含有黄曲霉毒素的饲料后，以代谢形式出现在动物体内。研究表明，黄曲霉毒素 M_1 在动物体内的分布以肝脏最多，肾、脾、肾上腺及乳汁中亦可检出，有极微量存在于血液中，肌肉中一般不能检出。

液体乳产品检出超标的黄曲霉毒素 M_1，主要原因可能是奶牛的饲料中含有黄曲霉毒素 B_1，奶牛食入饲料后，黄曲霉毒素 B_1 在奶牛体内转化为水溶性的黄曲霉毒素 M_1，进入乳汁。黄曲霉毒素 B_1 的转化率一般为 3.45%～11.39%。因此，为保证牛奶中的黄曲霉毒素 M_1 不超过 0.5 微克/千克，美国 FDA 规定饲料中的黄曲霉毒素 B_1 不得超过 30 微克/千克。

防霉变是防范黄曲霉毒素污染的根本措施

食品被霉菌甚至黄曲霉污染后，未必会产生黄曲霉毒素。但可以肯定的是，没有霉菌污染就一定不会产生毒素。因此，防止霉变是预防黄曲霉毒素污染的根本措施。

在农业生产方面，主要采取以下方法防霉：

一是加强田间管理。农业生产者一旦发现作物被霉菌污染，应及时清除。最简单的做法是把受霉菌污染的植株拔掉，收集在塑料口袋里，在地头挖坑埋掉。

二是脱水处理。粮食收获后应及时晾干，以脱出水分，抑制霉菌的生长繁殖。

三是在食品消费方面，消费者应购买新鲜、无霉变的粮食，注意适量购买、合理储存。

消费者可以从以下几个方面辨别粮食是否霉变：看颜色，没有霉变的粮食一般具有粮食所特有的颜色，如大米为白色、小麦为褐色；看色泽，新鲜、无霉变的粮食具有光泽，而霉变的粮食往往发暗、光泽差；嗅气味，将粮食放于手心，靠近鼻端以嗅其气味，新鲜的粮食带有粮食特有的香气，而霉变的粮食则带有霉味。

一般家庭缺乏专业的储存设施，粮食放置时间越长，发生霉变、产生毒素的机会就越大。应根据家庭的食用量，适量购买，缩短保存时间。

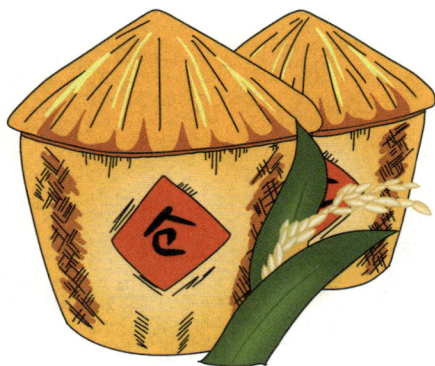

此外，粮食要储存于通风干燥处。因为粮食在收获后仍然保持酶活性，为获得维持生命活动的能量，需要分解粮食中储存的大分子如蛋白质、脂肪、碳水化合物，同时产生二氧化碳、水和热量。为尽快带走粮食中的水分和热量，应保持低温、干燥状态，将粮食储藏在通风干燥处。在粮食加工和经营单位，应避免粮食堆码过高、过大。同时，因为粮食中的纤维、蛋白质、淀粉等成分都可以吸潮，为防止粮食发生返潮现象，粮食应离地存放。

政府部门加强监管

世界上已经有97个国家制定了食品中黄曲霉毒素的限量标准。1995年国际食品法典委员会规定，食品中黄曲霉毒素（$B_1+B_2+G_1+G_2$）的最大残留限量为15微克/千克，供人直接食用的食品不能超过4微克/千克，供人间接食用的食品不能超过15微克/千克，牛奶中黄曲霉毒素M_1的最大允许量为0.5微克/千克。美国规定人类消费食品和奶牛饲料中的黄曲霉毒素B_1含量不能超过15微克/千克，牛奶中的黄曲霉毒素M_1含量不能超过0.5微克/千克。欧盟要求人类食品中的黄曲霉毒素B_1的含量不能超过0.5微克/千克。

我国《食品安全国家标准 食品中真菌毒素限量》（GB 2761-2017）规定了食品中黄曲霉毒素B_1和黄曲霉毒素M_1的限量标准。

食品中黄曲霉毒素B_1限量标准

食品类别（名称）	限量（微克/千克）
谷类及其制品	
玉米、玉米面（渣、片）及玉米制品	20
稻谷[a]、糙米、大米	10
小麦、大麦、其他谷物	5
小麦粉、麦片、其他去壳谷物	5
豆类及其制品	
发酵豆制品	5
坚果及籽类	
花生及其制品	20
其他熟制坚果及籽类	5
油脂及其制品	
植物油脂（花生油、玉米油除外）	10
花生油、玉米油	20
调味品	
酱油、醋、酿造酱（以粮食为主要原料）	5

食品类别（名称）	限量（微克/千克）
特殊膳食用食品	
婴幼儿配方食品	
婴儿配方食品 b	0.5（以粉状产品计）
较大婴儿和幼儿配方食品 b	0.5（以粉状产品计）
特殊医学用途婴儿配方食品	0.5（以粉状产品计）
婴幼儿辅助食品	
婴幼儿谷类辅助食品	0.5

a 稻谷以糙米计

b 以大豆及大豆蛋白制品为主要原料的产品

食品中黄曲霉毒素 M_1 限量标准

食品类别（名称）	限量（微克/千克）
乳及乳制品 a	0.5
特殊膳食用食品	
婴儿配方食品 b	0.5（以粉状产品计）
较大婴儿和幼儿配方食品 b	0.5（以粉状产品计）
特殊医学用途婴儿配方食品	0.5（以粉状产品计）

a 乳粉按生乳折算

b 以乳类及乳蛋白制品为主要原料的产品

　　我国对黄曲霉毒素设置的标准并不比国际标准低。为防范黄曲霉毒素对农产品、食品的污染，有关政府部门在要求企业严格自检的基础上，适时开展相关检测。例如，早在2011年，原农业部下达的全国生鲜乳质量安全监测计划就要求对生鲜乳收购站抽取600批次样品，开展对黄曲霉毒素 M_1 的检测。针对饲料中可能存在的黄曲霉毒素污染，2018年5月1日起实施的《饲料卫生标准》（GB 13078-2017）中有针对玉米、花生粕、其他植物性原料及不同饲养对象的饲料原料和各种饲料产品中的黄曲霉毒素 B_1 的限量要求。

玉米中的伏马菌素

1988年，真菌毒素及实验性癌症研究项目在南非特兰斯凯食管癌高发区进行流行病学调查，发现食用被串珠镰刀菌污染的玉米可能是引起食管癌的主要原因。调查人员采集食管癌高发区和低发区被真菌污染的玉米进行培养，发现食管癌高发区的玉米污染程度显著高于低发区。1988年，南非医学专业委员会的专家首次从串珠镰刀菌培养物中分离出水溶性代谢产物，并将其命名为"伏马菌素"。1989年，劳伦特等从伏马菌素中分离出两种结构相似的有毒物质，分别将其命名为"伏马菌素1"和"伏马菌素2"。迄今为止，共发现11种伏马菌素，其中伏马菌素1是污染玉米的主要成分，也是导致中毒的主要原因。

伏马菌素

研究证明，伏马菌素1可引起马脑白质软化病、猪肺水肿综合征。动物实验显示，伏马菌素1对多种动物如大鼠、猪、灵长类、禽类、马等具有肾脏毒性、肝脏毒性、神经毒性及致癌性。流行病学研究显示，人类膳食中伏马菌素1污染与食管癌高发有一定关联。在南非、意大利东北部及我国河南省林州市，均发现玉米伏马菌素1含量与食管癌发病率之间呈明显正相关关系。另外，伏马菌素有可能使人类患动脉粥样硬化的风险增加。

国际癌症研究机构已把伏马菌素划分为2B类致癌物，即人类可能致癌物。科学家根据在啮齿类动物中进行的短期和长期肾毒性研究的剂量反应关系，得出未出现肾毒性损害的剂量为每天每千克体重0.2毫克，并以100的安全系数确定了人体伏马菌素1或总伏马菌素（伏马菌素1 + 伏马菌素2 + 伏马菌素3）的暂定每日最大耐受摄入量为每天每千克体重2微克。

霉变玉米及其制品不能吃

伏马菌素主要污染玉米及其制品，以及大米、高粱、小米、牛奶、啤酒等。伏马菌素1广泛存在于全球的玉米及其制品中，意大利、阿根廷、巴西、加拿大、法国和西班牙等国的玉米及玉米制品污染情况比较严重。根据四川省等6个省份的调查数据，我国玉米伏马菌素的污染率为99.65%。

　　调查研究显示，人类食用的玉米伏马菌素污染可高达250毫克/千克，有的饲料样品中伏马菌素1高达330毫克/千克。国内外学者曾针对我国食管癌高发区进行伏马菌素污染调查，结果显示，在我国食管癌高发区的玉米中，伏马菌素污染状况十分严重，有的样品高达250毫克/千克。GB 2761-2017制定了玉米及其制品的伏马菌素限量标准：伏马菌素1 + 伏马菌素2 ≤ 5000微克/千克。

食品安全小锦囊

- 不食用霉变玉米及其制品。
- 煮玉米粥时加点碱。碱可以分解伏马菌素，降低其毒性。

九、毛蚶与甲肝"共舞"

　　1988年1月初，上海市20多人因食用毛蚶而患上急性甲型病毒性肝炎（简称"甲肝"）。经查，患者食用的毛蚶主要来自江苏省启东市吕泗海区小庙洪一带。1月6日，上海市工商局和卫生局联合行动，严禁毛蚶在市区销售，并没收和销毁"带毒"毛蚶，以从根本上切断疾病传播途径。但一场空前规模的甲肝大流行从天而降，使上海市在短短几天内与"甲肝"紧紧联系在一起。从1月19日起，甲肝病例急剧上升，疫情持续约30天，先后有3个发病高峰，共确诊29.2万人，其中11人死亡。同年，江苏、浙江等省也暴发了甲肝疫情。在甲肝流行高峰期，上海市的板蓝根冲剂脱销，大街小巷都是晾晒的衣被，餐馆、小吃店和大排档生意冷清。人们外出都小心翼翼，尽量避免与他人接触，不让手碰到楼梯扶手和墙壁；回到家后立刻将外衣脱下洗净。一个月后，上海市甲肝大流行终于平息，但许多上海市民至今仍对1988年的甲肝大流行记忆犹新，仍然谈"蚶"色变。

经过流行病学调查，确定1988年上海市的甲肝大流行与生食毛蚶有关。毛蚶是上海市民偏爱的水产品之一，人们习惯把毛蚶放入开水里烫一下，蘸上调料食用。毛蚶、魁蚶和泥蚶等贝类水生动物，生活在河口或海边的滩涂，靠过滤海水获取浮游生物为生。由于它们栖息的近海水域受生活污水（粪便、泔水等）和工业污水的污染相当严重，各种有害物质（如甲型肝炎病毒等）就会进入其鳃瓣，在其体内蓄积。食用受污染的毛蚶，不仅有得甲肝的风险，还有患戊型肝炎、伤寒、痢疾的风险。

甲型肝炎病毒的抵抗力比其他肠道病毒强许多，它不仅耐寒、耐酸，还耐受高温。浸泡在60℃水中1个小时，或者在25℃水中存放3个月，都不能杀死甲型肝炎病毒。在自然环境中，如在贝类等水产品的消化腺内，甲型肝炎病毒可以存活三四个月之久。上海市民常用的毛蚶制作方法根本无法达到杀灭毛蚶内各种病原微生物的目的。

在贝类等水产品的消化腺内，甲型肝炎病毒可以存活三四个月之久

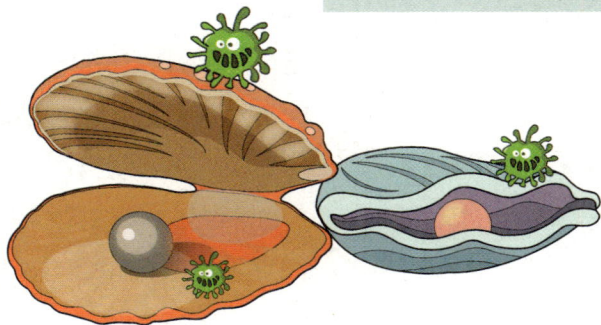

自1988年至今，上海市卫生监督部门对容易携带甲型肝炎病毒的蚶类进行持续监测，每年都能检出甲型肝炎病毒，检出率最高达到28%。因此，毛蚶的销售和食用仍受到严格的监管。

1988年甲肝暴发和流行后，上海市至今未发生新的甲肝流行。时隔多年，人群甲型肝炎病毒抗体水平较低，极易引起甲肝再次暴发和流行。有些人认为自己之前患过甲肝，体内有甲肝抗体，再吃点毛蚶也无妨。其实不然，患过一次甲肝的人体内产生的免疫力能够持续多久，目前尚无确切答案，但可以肯定的是，这

种免疫力不是永久的，绝不可掉以轻心。

切记：生食毛蚶危险。

十、鸡瘟人死，禽流感惹的祸

1918年3月的一个早晨，美国堪萨斯州福斯顿军营的一名炊事兵出现了发热、头疼、肌肉酸痛的症状，医生怀疑他得了流感，马上对他进行了隔离。但为时已晚，同样的情况先后出现在美国各个军营。一场大规模的瘟疫暴发了。美军登陆欧洲后，最先受害的国家是西班牙。流感几乎在一瞬间就传播到了西班牙各个角落，包括国王在内，有800万人患病。这种流感当时被称为"西班牙流感"，有人还给它起了个浪漫的名字——"西班牙女郎"。2005年10月，美国科学家陶本伯格的研究成果表明，"西班牙流感"是禽流感的一种类型。

在肆虐西班牙之后，流感迅速在欧洲大陆传播开来。战争已无法再进行下去。1918年11月11日，在法国贡比涅森林中的一个小火车站里，协约国代表、法国元帅福煦在自己的火车上接受了德国的无条件投降，第一次世界大战正式宣告结束。从某种角度上说，正是禽流感加速了第一次世界大战的结束进程。

禽流感是禽流行性感冒的简称，这是一种由甲型流感病毒的某种亚型引起的传染性疾病综合征，被国际兽疫局定为A类传染病，又称"真性鸡瘟"或"欧洲鸡瘟"。

许多家禽和野禽对流感病毒敏感，从其体内分离出过病毒。家禽中的火鸡、鸡、鸭是自然条件下最常受感染的禽种，其他种类还包括珍珠鸡、家鹅、鹌鹑、鸽、鹧鸪、鹦鹉等，以及野禽和野生水禽，如鹅、燕鸥、野鸭、海岸鸟和海鸟等。

国外报道，已发现带病毒的鸟类达88种。鼠类不能自然感染流感病毒。

流感病毒根据内部蛋白抗原性的不同，可以分为甲（A）、乙（B）、丙（C）三型。甲型流感病毒可感染人、禽、猪等多种动物，可引起全球大流行，威胁最大。根据病毒表面的两种蛋白质成分——血凝素（H）和神经氨酸酶（N），可进

一步将甲型流感病毒分为不同的亚型。不同H亚型可以与不同N亚型相互组合，形成多达上百种不同的流感病毒，其中H5与H7为高致病型。

世界各地历年出现过的禽流感病毒亚型有：1997年东南亚大规模暴发的H5N1亚型、1999年中国香港出现的H9N2亚型、2003年荷兰出现的H7N7亚型（人类感染）、2006年美国出现的H3N2亚型和2013年我国公布的全球首次发现的H7N9新亚型。

禽流感的传染源主要是病禽或带病毒禽类，不同日龄、品种和性别的鸡群均可感染发病，但以产蛋鸡群多发。病毒污染的羽毛和粪便是重要传染物，其病毒含量高且存活时间长，在干燥尘埃中可存活两周；在凉爽和潮湿的条件下存活时间更长，在冰冻肉和骨髓中的存活时间分别长达287天和303天。如此长的存活期增加了家禽感染的机会，并增加了野生飞禽接触和远距离传播病毒的机会。

2005年，第三届非欧亚迁徙性水鸟保护协定缔约国大会公报指出，携带和传播禽流感病毒的途径除了候鸟的迁徙，还有牲畜运输、家禽和笼鸟运输、合法或非法的鸟类贸易及人类的交通。家禽中的鸭、鹅一旦被感染，其抗病能力比较高，病发后的生存机会也很高。

禽流感主要通过空气传播，也可通过消化道和皮肤伤口感染。

食品安全小锦囊

　　全球防治禽流感已有100多年的历史，大量实践证明：高致病性禽流感是完全可以预防的。

● 加热让病毒失去活性

　　流感病毒（包括禽流感病毒）都有耐冷不耐热的特点，禽流感病毒在56℃条件下加热30分钟、60℃加热10分钟、70℃加热4分钟或100℃加热1分钟就能被灭活。常用消毒剂如福尔马林、漂白粉、碘伏等，都能迅速破坏病毒的传染性。

● 鸡肉：别买活鸡，高温加热充分煮透

　　活禽是主要传染源，尽量避免接触活禽及其粪便，若曾接触应立即用洗手液和清水彻底清洁双手。想吃禽类怎么办？可到规范的超市购买"杀白"。禽流感病毒在屠宰后的禽类体内存活时间很短，所以食用宰杀好的鸡肉、冷冻鸡肉时，只要将其高温加热、充分煮熟，是不会染上病毒的。如家禽在烹煮后仍有粉红色肉汁流出或骨髓仍呈鲜红色，应重新烹煮至完全熟透。

● 鸡蛋：先清洗蛋壳，再煮沸5~10分钟

　　鸡蛋外壳有可能受到污染，因此在加工鸡蛋时，要先清洗蛋壳；打鸡

蛋时，不要让蛋壳掉落进去；加工鸡蛋后，要彻底清洁双手。鸡蛋被煮沸5~10分钟后，能够完全灭活禽流感病毒，可以安全食用。炒蛋、荷包蛋等也要烧熟、烧透。蛋要彻底煮熟，直至蛋黄及蛋白都凝固；避免食用生蛋或做成酱料蘸食物吃。

● **生熟分开避免生禽污染熟食**

加工、储存禽类产品时要做到生熟严格分开。入厨前及加工处理生禽肉和蛋类后要彻底洗手，并刷洗水池；生肉和熟食要分别使用不同的砧板、刀具；抹布、筷子笼等要定期高温蒸煮消毒。用冰箱储存生禽肉时，必须和熟食、蔬菜分开。

市售泡椒凤爪：可放心食用

泡椒凤爪在生产过程中，要经过清洗、煮和腌制等过程，无论从温度还是酸碱度来看，加工好的泡椒凤爪是不会含有感染性禽流感病毒的。消费者大可不用担心，倒是制作这些禽类制品的厨师更应该注意自身防护。

十一、朊病毒、肉骨粉和疯牛病

1986年10月25日，英国东南部的阿福什德镇的一头奶牛突然病倒。这头奶牛先是无精打采，随后四蹄发软、站立不稳、口吐白沫，不久便浑身颤抖、肌肉抽搐而死。1986年11月，兽医对病牛脑组织进行了病理学检查，确诊其患上了疯牛病。同年共发现4例疯牛病。到1987年11月，在英国的80个农场中发现了95例；1988年，检测到2512例；截至20世纪末，英国已发现177962例疯牛病，涉及35181个农场。

英国政府下令对染病地区的病牛进行大规模焚毁。焚毁病牛时，农民全副武装，戴上防毒面具并穿上防护外衣，在荒凉的旷野中将病牛肢解，然后用粉碎牛体的机器将病牛捣成红色的肉酱，再将肉酱倒进温度高达1000℃的大焚化炉中焚毁。英国已屠宰、焚毁30多万头病牛。

在英国逐渐控制住疯牛病的同时，欧洲其他国家却不断发现疯牛病且呈现蔓延和增长趋势。爱尔兰、葡萄牙、瑞士、法国、比利时、丹麦、德国、卢森堡、荷兰、西班牙、列支敦士登、意大利等国相继有疯牛病的病例报告。

2001年，日本发现亚洲首例疯牛病。2002年，以色列发现该国首例疯牛病。阿曼、泰国、苏丹和马尔维纳斯群岛等地亦出现疯牛病的病例报告。

2003年5月，加拿大发现北美洲首例疯牛病。美国政府立即宣布禁止从加拿大进口牛肉及其制品，随后日本等其他许多国家也相继宣布了类似的禁令。加拿大是世界第三大牛肉出口国，每年出口额约30亿美元。在加拿大牛肉出口贸易中，美国市场占了80%，其次是日本。因此，疯牛病对加拿大养牛业、牛肉业和食品加工业造成了沉重的打击。

2003年12月，美国华盛顿州报告了首例疯牛病。随后，日本、韩国、加拿大、墨西哥、俄罗斯、菲律宾、巴西、澳大利亚、新加坡、泰国、马来西亚、智利，以及我国等均宣布禁止从美国进口牛肉。美国牛肉业的总产值约1750亿美元，支撑了100多万个企业、农场和饲养场，以及以牛肉汉堡为主打食品的麦当劳等快餐业，故疯牛病对美国的影响更大。2004年，因出口损失和国内牛肉价格下跌，美国牛肉业遭受了至少数十亿美元的巨额损失。2004年6月，美国佛罗里达州一名妇女因感染新变异型克-雅病去世，成为死于疯牛病的第一人。

牛海绵状脑病，俗称"疯牛病"，是一种由朊病毒引起的危害牛中枢神经系统的慢性传染性疾病。这种朊病毒与引起人类新变异型克-雅病的病原体很相似。疯牛病、羊瘙痒病及人类的克-雅病、库鲁病均被称为"传染性海绵状脑病"。

1990年5月，英国布里斯托尔大学的学者宣布，他们在病猫身上发现了类似疯牛病的疾病。克-雅病是一种主要发生在50~70岁人群的可传播的罕见脑病。患者可出现睡眠紊乱、个性改变、共济失调、失语、视觉丧失、肌肉萎缩、肌阵挛、进行性痴呆等症状，并且会在发病后的一年内死亡。1996年，一名叫史蒂芬的青年染上了与通常发生在老年人群中的克-雅病相似的疾病，即新变异型克-雅病。1996年3月，英国宣布人类的新变异型克-雅病可能与人食用了被疯牛病病原体污染的牛肉有关，此事引起了世界各国的关注。

1957年，在巴布亚新几内亚东部的原住民群体中，发现了一种同克－雅病一样的致命疾病（库鲁病），妇女、儿童多发。病因可能与他们的宗教习惯有关。这个民族的妇女、儿童有食用已故亲人尸体内脏和脑组织的习俗，这种现象和发病人群的分布状况高度一致。

美国加利福尼亚大学旧金山分校的史坦利·布鲁希纳多年来一直致力于研究克－雅病，他发现了造成疯牛病的朊病毒，并因此成为1997年诺贝尔生理学或医学奖得主。与其他病毒相比，朊病毒具有许多特殊的理化特性：①没有核酸，是正常蛋白质，由没有传染性转化为具有传染性。②没有病毒形态，是纤维状结构。③对所有杀灭病毒的物理、化学因素均具有抵抗力，只有在136℃高温、2个小时高压下才能灭活。④潜伏期长，100%死亡率。⑤可打破种群屏障，除牛外，还有18种动物会感染。⑥诊断困难，正常人和动物细胞内都有朊蛋白存在，不明原因作用下它的立体结构发生变化，就会变成有传染性的朊病毒。患者体内不产生免疫反应和抗体，不发病时无法实施监测，一旦发病，为时已晚。

科学家确定了疯牛病传播的三种途径：一是通过母牛传染给仔牛，二是牛食用了由染病动物尸体加工成的饲料而被传染，三是由病牛的粪便传染。自1980年起，英国允许用死羊和其他动物尸体制成肉骨粉喂饲其他动物；同时，英国的生产者改变了肉骨粉的加工方式，降低了制造肉骨粉的温度，这样未被杀死的病原体就顺利进入了其他动物体内。染上病原体的牛患疯牛病，食用被疯牛病污染的牛肉、牛脊髓的人，有可能染上致命的新变异型克－雅病。

疯牛病是一类极具危害性的人畜共患传染病，可通过污染的饲料传播给牛，也可通过污染的牛肉或其制品传染给人类。该病一旦发生，对发病个体的致死性就是百分百，对整个人类的影响是巨大的。随着全球经济一体化发展，能传播疯牛病的产品，如生物制品、血制品、食品、保健品、化妆品、动物饲料等，可轻易从一个国家出口到另一个国家，因此疯牛病是21世纪危害人类安全的最严重和最棘手的问题之一。1996年3月，欧盟禁止从英国进口活牛、牛肉，以及牛的精液和胚胎，还禁止进口用于生产医药产品及化妆品的牛羊器官原料。其他国家也采取了类似的防范措施。

中国尚未发现疯牛病。为预防疯牛病传入，我国严格执行"禁止使用同种动物原性蛋白饲料喂养同种动物"的规定。加强对进口牛肉及牛肉制品的检疫，严

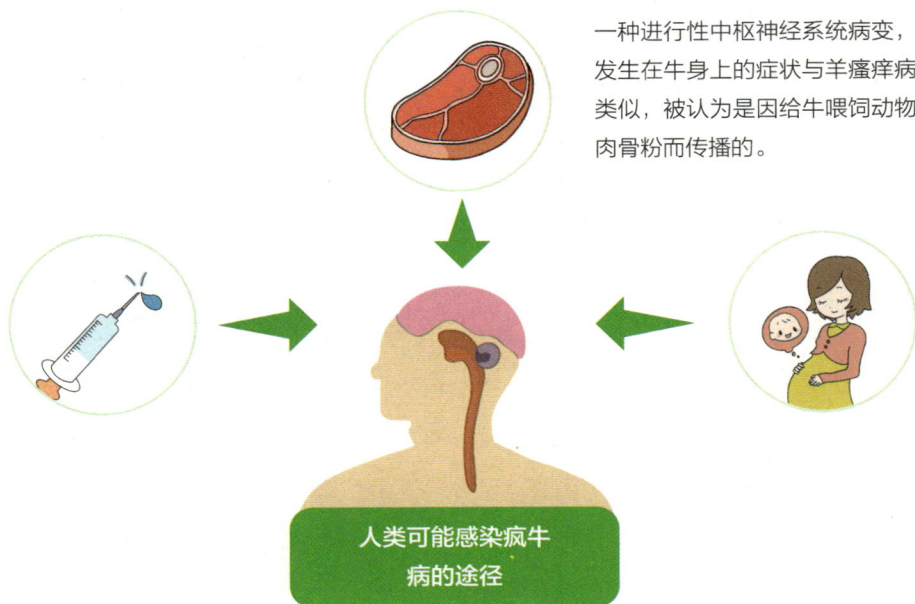

疯牛病

一种进行性中枢神经系统病变，发生在牛身上的症状与羊瘙痒病类似，被认为是因给牛喂饲动物肉骨粉而传播的。

人类可能感染疯牛病的途径

症状

患者脑部会出现海绵状空洞，导致记忆丧失，身体功能失调，最终神经错乱，甚至死亡。

潜伏期

2～30年。

格控制从疫区进口牛、冷冻牛胚胎、牛肉及牛肉制品，包括以牛、羊器官制作的药品、血液制品、化妆品等。禁止从欧盟国家进口动物性饲料产品，将肉骨粉等动物饲料作为法定检验检疫的产品。接受英国疯牛病的教训，禁止使用反刍动物的内脏作为动物的饲料添加剂，确保制备动物胶和动物脂肪过程中的绝对安全。如果牛的相关制品进入制药过程，也要严格防范。因此，消费者对各种相关传闻不必恐慌。

第 2 章

肠道寄生虫，
从未走开

生食

寄生虫进入肠道

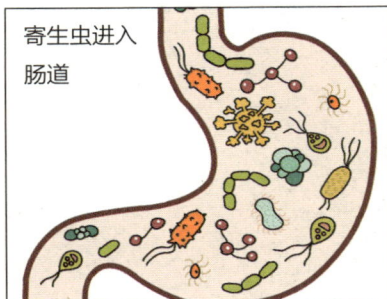

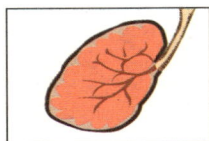

虫卵在肺部活动引起蛔虫性肺炎、哮喘

蛔虫乱窜、钻孔引发胆道蛔虫症

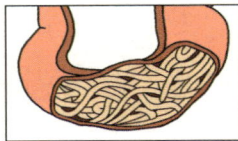

大量蛔虫阻塞肠管，导致蛔虫性肠梗阻

引起阵发性腹痛

寄生虫对城市居民而言，似乎已经变成了陌生字眼。实际上，作为地球上最成功的生物之一，肠道寄生虫在与人类的战斗中从未失败。它们只是悄悄地隐藏起来，当我们麻痹大意时，它们潜入我们的身体，掠夺营养，繁衍生息。这个隐蔽在美食中的古老"幽灵"一直蛰伏在我们的身边，一时一刻也没有离开过。以蛔虫为例，一条雌蛔虫成虫在繁殖期每天能产23.4万粒虫卵，估计环境中每天有1014粒蛔虫卵，其中很多会成为感染性虫卵。寄生虫的确是具有非凡生命力并与我们相伴终生的危险敌人。

近年来，我国城市居民感染食源性寄生虫病的概率有上升的趋势，这与"烧、烤、涮"及"吃生、吃鲜"的流行有很大关系。寄生虫最怕高温，传统烹饪的蒸、煮、炒都能有效杀死寄生虫，但是日渐流行的"吃生、吃鲜"带来危机重重。因吃火锅而感染寄生虫的病例频繁出现，危害极大的旋毛虫、绦虫和囊虫，都能通过未煮熟的肉类、蔬菜等火锅食品感染人类。

一、福寿螺与广州管圆线虫病

2006年5月22日，北京市一名34岁男子在某川菜连锁酒楼用餐。几天后，他感觉双肩疼痛、颈部僵硬，随后出现双侧肋部及颈部皮肤感觉异常，有刺痛感。6月10日，该男子活动、翻身、走路时感到头痛加重，伴恶心。当天一同进餐的同事也出现了相同症状，转入北京友谊医院热带病研究所门诊。6月26日，北京友谊医院收治类似患者3人，经询问，患者于5月20日～22日均在某川菜连锁酒楼用餐，都食用过凉拌螺肉或麻辣福寿螺，初步诊断为"嗜酸性粒细胞增多性脑膜炎"（广州管圆线虫病）。

我是广州管圆线虫，不小心让我寄居到人体里，可能引发脑膜炎

调查发现，在2006年5月20日，该酒楼推出两道新菜——凉拌螺肉和香香嘴麻辣螺肉。最初这两道菜是以一种叫"角螺"的海螺为原料，后来为降低成本改用淡水福寿螺替代。酒楼的福寿螺采购自集贸市场，在加工过程中，厨师仅用开水焯几分钟，然后捞出来晾干、放凉，制作凉菜备用。有顾客点这道菜时，厨师再用水焯一下便将福寿螺盛盘上桌。这样的制作工序使螺肉仍属于生或半生状

态。北京市西城区卫生监督所从该川菜连锁酒楼的一家分店采集了10个福寿螺样品，从其中2个螺肉中检出了广州管圆线虫Ⅲ期幼虫。

截至2006年8月22日，北京市累计诊断70例广州管圆线虫病病例，患者病前均在某川菜连锁酒楼食用过福寿螺。因为福寿螺中含有广州管圆线虫，且酒楼在烹调加工过程中未能将寄生虫杀灭，导致进食者感染广州管圆线虫。

广州管圆线虫寄生于野鼠及褐家鼠肺部血管内，人被感染是由于摄入了生的或未煮熟的含有广州管圆线虫幼虫的螺类、蛙类、蜗牛、鱼、虾、蟹等或被广州管圆线虫幼虫污染的瓜果蔬菜及饮水。临床上主要表现为嗜酸性粒细胞增多性脑膜炎（简称"酸脑"）。该病在上海、沈阳、北京、香港、海南等地都有散发病例。1997年，温州发生该病在中国大陆地区的首次暴发和流行，某饭店聚餐人员中25.18%患病，其中半生食福寿螺肉者罹患率达44.18%，未食者无一人发病。次年又在当地一个2岁女孩脑脊液中检出广州管圆线虫蚴虫43条。温州苍南县已被确定为该病的新流行区。

二、鱼生与肝吸虫病

日本人会友宴客，桌上往往少不了一盘生鱼片。所谓"鱼生""虾生"，就是将活鲜鱼虾去皮剔骨后削切成薄片，食时蘸上芥末等调料即可入口。在我国南方，两广地区居民有食鱼生粥的爱好，这种鱼生粥的制作方法与生鱼片一样，仅多了一道热粥熨烫工序而已。北方的赫哲族人也爱把冻成冰柱状的鱼肉条削切成类似羊肉片似的薄片，名曰"刨花"，调入佐料后便直接食用。江浙沿海居民中，还有人将活虾剪去须、尾，蘸料生食，谓曰"炝虾"。生食鱼、虾者对此种吃法津津乐道，殊不知这种食俗恰好为潜藏在鱼虾肌肉中的寄生虫入侵机体敞开了大门。事实上，在喜好生食鱼虾的地区，人们罹患寄生虫病比较普遍，如我国广东、广西个别地区，寄生虫病患病率竟高达88%。世界长寿之国日本，对国民的生食食俗与寄生虫病罹患率居高不下深感焦虑，但苦于无解决矛盾的良策。

2006年8月30日，广州市卫生局发出紧急通知，要求各餐饮单位停止加工、经营可供生食的淡水产品，包括淡水鱼生、虾生及各类刺身。为何紧急叫停淡水产品？因为生吃淡水产品不仅可能感染广州管圆线虫，还可能感染肝吸虫。

广东省珠江、韩江流域的淡水鱼普遍受到肝吸虫囊蚴感染，尤其是鲩鱼、鲤鱼和鲫鱼。其他淡水产品如虾等，也容易感染肝吸虫囊蚴。生吃这些淡水产品，肝吸虫囊蚴会进入人体并在肝胆管内寄生，一段时间后会产卵并分泌有毒物质，继而引起一系列并发症，如急慢性胆囊炎、胆结石等。很多患者感染后几乎没有任何症状，甚至十几年都不知道被感染，等发现时已发展为肝硬化、肝癌。

肝吸虫病即华支睾吸虫病，因其病原体华支睾吸虫（又称"肝吸虫"）主要寄生于肝胆管内而得名。人类由于生食含肝吸虫囊蚴的淡水鱼虾而感染。鲤鱼、草鱼、鳊鱼、大头鱼、土鲮鱼、麦穗鱼等68种淡水鱼可能感染肝吸虫。目前肝吸虫病在我国的25个省、市、自治区都有不同程度的流行，感染率为1%～30%。我国肝吸虫病的感染人数约为1300万，占全球感染者的85%以上，主要分布在广东、广西、黑龙江和吉林等地，尤其是在广东和广西的高流行县，人群感染率超过50%，当地成年男性几乎全部感染。成人感染以食鱼生或鱼生粥为主，儿童感染则与他们在野外食用未烤熟的鱼虾有关。随着生活水平的提高，感染率呈上升趋势。肝吸虫病患者急性期表现为胆囊炎、胆管炎，慢性期可出现肝内多发性结石，重症患者可出现肝硬化、腹水等，有些还可发展为胆管癌。

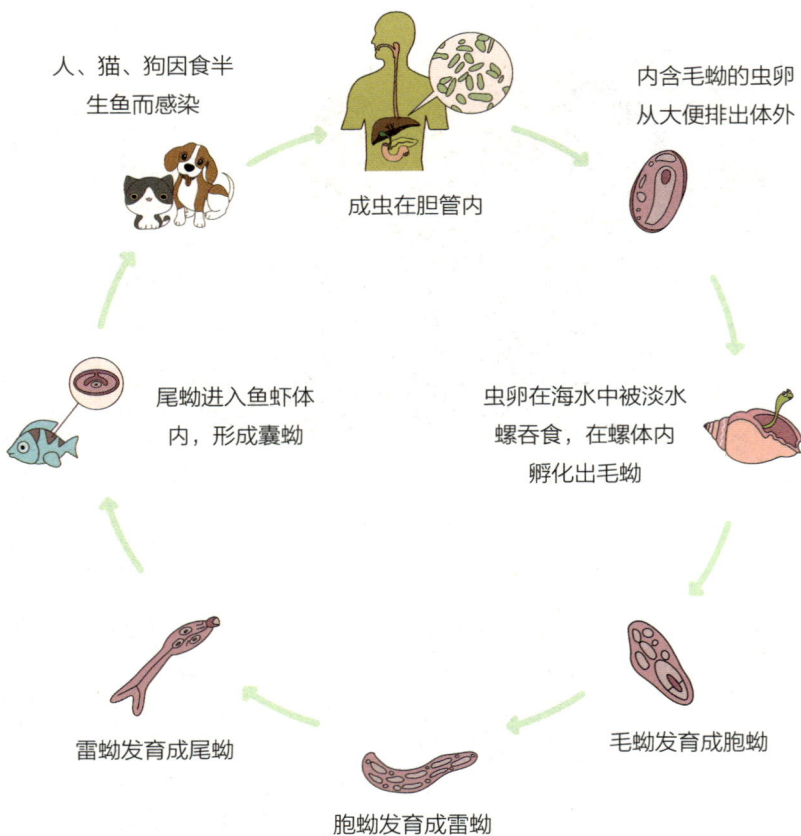

人、猫、狗因食半
生鱼而感染

成虫在胆管内

内含毛蚴的虫卵
从大便排出体外

尾蚴进入鱼虾体
内，形成囊蚴

虫卵在海水中被淡水
螺吞食，在螺体内
孵化出毛蚴

雷蚴发育成尾蚴

胞蚴发育成雷蚴

毛蚴发育成胞蚴

有人认为高档酒楼卫生状况好，吃鱼生、刺身应该不会感染肝吸虫，其实不然。2005年5月，广州市一名经常在高级酒楼吃鱼生和醉虾的中年妇女时常拉肚子，食欲不振，浑身无力，经检查为肝吸虫引起的急性胆囊炎。高档酒楼在加工鱼生时也许卫生状况良好，但如果鱼肉已经带有囊蚴，在肉眼无法看见的情况下，它们很难被彻底清除。

吃鱼片粥时，在粥里放入生鱼片烫一烫就吃，粥水的温度可能杀不死囊蚴；涮火锅时，鱼片在火锅汤里涮一下就吃，也不能杀死囊蚴。所以，煮鱼片粥时，必须将鱼片在100℃的粥里煮四五分钟再吃；吃火锅时，鱼片也要放到汤中煮熟才能吃。

吃醉虾也很容易感染肝吸虫，因为即使是烈酒，所含酒精也只有50%～60%，根本杀不死囊蚴。芥末、大蒜和生姜对寄生虫也不起作用。

另外，用切过生鱼的刀及砧板再切熟食，用盛过生鱼的器皿再盛熟食，抓鱼后不洗手就用餐或用口叼鲜鱼也是感染的原因。

目前有不少养鱼户用未经消毒处理的粪便喂鱼，甚至在鱼塘上盖厕所，导致塘中的鱼感染肝吸虫。1条150克重的小鲩鱼能携带500多个肝吸虫囊蚴，生食这些鱼是相当危险的。

虽然人们知道进食鱼生可能导致肝吸虫病，但误认为芥末、酱油、食醋或烈酒能杀死病菌和寄生虫，因此敞开肚皮品尝生鲜。其实囊蚴耐干燥，也能耐受食醋、盐渍和烈酒等。只有在100℃的高温下，肝吸虫囊蚴才能很快被杀死。因此，鱼生虽美味，还是少吃为好。

三、米猪肉与猪囊虫病

在热播美剧《豪斯医生》中，年轻美丽的幼儿教师丽贝卡在某个早晨晕倒在讲台上。她的病情险象环生，癫痫、暂时性失明、心搏骤停等危情此起彼伏。不走平常路的豪斯医生，通过破门而入式的现场调查，加之破案式的推理，终于找到藏在猪肉火腿中的猪肉绦虫这一元凶。"猪肉绦虫"这个词让人既熟悉又陌生，但如果提到"米猪肉"，你一定能想起什么了。

绦虫英文名为"tapeworm"，意指像带子（tape）一样的虫子。绦虫前腹贴后背，长如带状，真像一段被扯出来的磁带。绦虫有长有短，长者如猪带绦虫（也称"猪肉绦虫"），成虫达到2～4米；短的则有寄生于鼠类的微小膜壳绦虫，仅5～80毫米长。绦虫成虫为乳白色扁平带状，因此绦虫病又称"带绦虫病"，是猪肉绦虫、牛带绦虫、亚洲带绦虫成虫寄生于人体小肠所致。患者一般无明显症状，多因在粪便中发现白色节片而就医，少数可出现腹部不适、消化不良等消化系统症状。在我国，牛带绦虫病主要流行于西北、西南及中南等少数民族地区，而猪肉绦虫病以华北、东北一带为主，有些地方呈局限性流行。我国现阶段"连茅圈"（厕所和猪圈连在一起）的现象已罕见，但有些地区还会零星发生猪囊虫病。

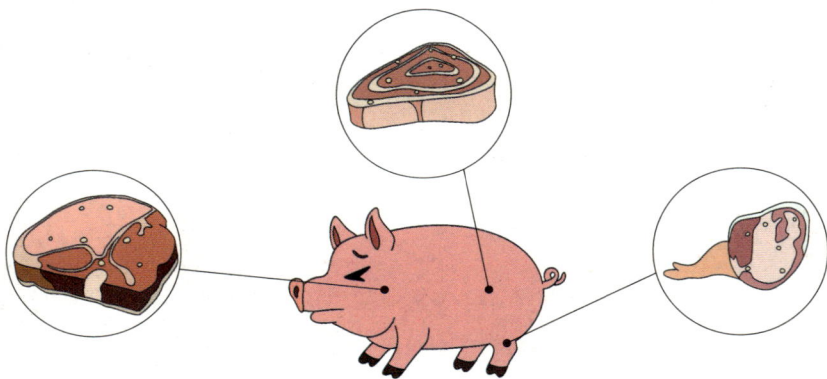

猪的不同部位都可能有猪肉绦虫

猪肉绦虫的成虫很懒惰，寄生在人的小肠里，靠体表吸收营养素维持生命，氨基酸、糖类、脂肪酸、甘油、维生素、核苷，一样都不落下。它们的目的很单纯——养育后代，并以数量取胜。虽然猪肉绦虫有简单的神经系统，但身体结构的大部分都奉献给了生殖系统。猪肉绦虫由1000多个节片组成，而每一个节片里都具有雌雄生殖系统各一套，其中含睾丸约200个、虫卵3～5万个。因此，豪斯医生说它一天排卵2～3万个的说法毫不夸张。虫卵发育形成的幼虫——囊尾蚴，对人体的危害远大于成虫。豪斯医生也提到过，它们能穿越肠壁，进入血液，搭上前往身体这座迷宫的免费班车，最后在皮下组织和肌肉中驻留，还会到大脑和眼球。它们也能到达心、舌、口腔、肺部甚至骨头。

在我国古代的医籍中，囊尾蚴被称作"寸白虫"。东汉时期的《金匮要略》中对其已有描述。古人形容其"长一寸而色白、形小扁",可通过"炙食肉类而传染"。名医华佗也曾与这寸白虫交过手。据《三国志·魏书》载,"广陵太守陈登嗜生鱼,久之则头痛不已"。华佗开一药方,"食顷,吐出三升许虫,赤头白身皆动"。

猪肉绦虫要想"上身"也是有条件的。人罹患猪肉绦虫病,是猪肉绦虫的幼虫——囊尾蚴引起的,而囊尾蚴来源于米猪肉。米猪肉是指带有猪肉绦虫囊尾蚴的猪肉。囊尾蚴与米粒相似,集中分布在瘦肉,尤其是腿肉和臀部肉中,一般比较容易识别。可用锋利的刀具,顺瘦肉丝将肉切开,如果发现在猪肉的新切口处露出乳白色或微红色的小泡,即米猪肉。

米猪肉里的囊尾蚴,若想继续活命侵占人体,还有一道关口——烹饪。要知道,大多数人是不喜食生肉或未煮熟的猪肉的,绦虫在高温爆炒或烹煮后,便没了性命,人也无感染之虞。而在云南省少数民族地区的"生皮""剁生"等美食,均用生猪肉制作。此外,还有一些地方的生片火锅、过桥米线及沙茶面等,是用生猪肉在热汤中稍烫后,蘸佐料或拌米粉、面条食用。虽美味,但隐忧重重,其后果很可能是感染猪肉绦虫。

西双版纳曾流传"琵琶鬼"的故事。据调查,傣族中被诬为"琵琶鬼"者多为癫痫病患者。人一旦抽风发作,口吐白沫,即被视为鬼魂附体,全寨咒而驱之,任其在山林中自生自灭。此病症其实是由一种寄生在大脑里的寄生虫所致,它便是囊尾蚴。据传,它还会钻进人的肚子,咬人心肝,吃人"灵魂"。原来,傣族有喜食猪肉剁生的习俗,人吃下了米猪肉,导致囊尾蚴感染,从而出现上述现象。

猪囊尾蚴病俗称"猪囊虫病",猪囊虫病的危害远较绦虫病严重,临床上主要表现为三大类型:脑囊虫病、眼囊虫病和皮下肌肉囊虫病,以脑型最为严重。若在皮下组织或肌肉里有一个或数千个囊尾蚴聚集,会摸到椭圆形的无痛硬结,有时它还会自行消失。轻者毫无症状,重者会感到肌肉酸痛及麻木。作为人体中枢,大脑这个司令部若被囊尾蚴骚扰,人体这台大机器难免短路出毛病。脑囊尾蚴病有时全无症状,有时直接造成猝死,而最常见的当属《豪斯医生》中女教师丽贝卡的表现:胡言乱语,随后癫痫发作,晕倒在地。此外,头痛不止、恶心呕吐、抽搐痴呆、失去视觉听觉都有可能发生。若囊尾蚴寄生在眼球深部的玻璃体,则可能导致失明。

目前，屠宰检疫是防止猪囊尾蚴感染人的一个重要途径。猪囊尾蚴检验是国家规定的生猪屠宰检疫的必检项目。在日常生活中，不食生肉类食品和不食病猪肉，生熟食品加工要分开；不买或不食用未经检疫及未经熟制的肉品；自觉讲究饮食卫生，防止寄生虫虫卵随饮食进入体内；从事食品加工或餐饮业的人员，要定期进行健康体检，以防感染。

四、致命的烤肉与旋毛虫病

1999年3月的一天，河南省安阳市一家医院收治了一名昏迷的4岁儿童。据小男孩的父亲说，孩子已发热3天，总喊头痛，时而呕吐，入院前还抽搐了一天。医生初步诊断为化脓性脑膜炎，经过10多个小时的抢救，小男孩还是因呼吸衰竭死亡。医生从其尸体的脑脊液中发现旋毛虫幼虫。经过再三询问，父亲告诉医生，小男孩发病前1周，父子俩一起吃了大量烤羊肉串。至此，医生认定孩子死于旋毛虫病。18天后，父亲也开始发热、肌肉酸痛，经过化验，其血液中嗜酸性粒细胞含量增加，血清旋毛虫抗体呈阳性，亦诊断为旋毛虫病，经治疗后痊愈。无独有偶，1997年10月，安徽省合肥市女青年小林连续几天全身肌肉酸痛，每天下午发热，体温在38℃以上，夜间渐退。而且她食欲减退，有恶心、呕吐等症状。小林到数家医院就诊，均按风湿性关节炎治疗，没有好转。12月她又到上海某医院求医，住院治疗也未见好转。最后由原中国预防医学科学院寄生虫病研究所做血清学检查，其旋毛虫抗体呈弱阳性，血象检查淋巴细胞和嗜酸性粒细胞明显增多，遂确诊为旋毛虫病。经过对症治疗，她逐步好转。小林平日里爱吃烤肉串、火锅，也接触过动物。

旋毛虫病是人畜共患的寄生虫病，猪、狗、羊、牛、鼠等120多种哺乳动物会自然感染。动物之间相互蚕食，使旋毛虫病得以广泛传播。人感染旋毛虫主要是因为吃了生的或半生不熟的含有活幼虫囊包的猪、牛、羊肉等。患者发病初期有恶心、呕吐、腹泻等症状，中期会高热、水肿、全身肌肉酸痛，感染较严重的患者可能并发心肌炎、肺炎、脑炎等。这种疾病死亡率较高，国内为3%左右，暴发和流行时死亡率高达10%。抵抗力较差的老人和儿童易有生命危险。

旋毛虫幼虫囊包的抵抗力极强，北极熊肉中的旋毛虫幼虫在-15℃的环境中冰冻1年尚可存活且仍具有致病性。在腐肉中的旋毛虫幼虫囊包也能存活2~3个月，暴晒、腌制和熏烤等方法都不能杀死旋毛虫幼虫囊包。因此，人要是吃生的或半生的带有旋毛虫幼虫囊包的肉，或者这些肉类的制品，如香肠等，都有可能感染旋毛虫。

自1965年我国首次发现人旋毛虫病，至1992年，共发生人旋毛虫病暴发流行433起，发病人数达17453人，死亡194人。此外，2005—2009年，云南、四川和西藏共暴发15起旋毛虫病疫情，导致1387人发病。2013年云南省澜沧县暴发旋毛虫病疫情，导致27人发病，所有感染病例均有生食猪肉史。1994年，云南省金平县一个农民宰杀自家养的猪，请乡亲来做客，结果有39人发病，其中25人是因吃了凉拌生肉，另外14人则是因切生熟食品的菜刀和砧板不分导致了交叉感染。最终死亡1人，流产1人，3人并发心肌炎。此外，风味小吃、水饺、火锅、过桥米线、烤肉等，如果在烹调过程中未达到杀死虫体的温度要求，也会造成食客感染。

旋毛虫

因此，一定要养成良好的饮食习惯，不食生肉，也不要吃半生不熟的肉类制品。油炸和烧烤的肉类如果没有完全熟透，最好不要吃。吃火锅和水饺时应注意，一定将肉片或肉馅煮熟。生熟食品加工时，厨具一定要分开使用。

五、猫粪与弓形虫病

2001年12月，巴西里约热内卢卫生局对2名发热、头痛、肌痛的患者进行血清学检测，发现患者血清弓形虫抗体均为阳性。截止到2001年年底，一共收到294例弓形虫抗体阳性的病例，其中155名患者出现头痛、发热、抑郁、肌肉痛、淋巴结炎、食欲减退、关节痛、夜间盗汗、呕吐和皮疹等症状。

发热

弓形虫病症状

皮疹

头痛

恶心、呕吐、食欲不振　　肌肉和骨关节疼痛

里约热内卢卫生局对弓形虫病的流行原因进行了调查。在156名调查对象中，有138名患者的居住区由同一个蓄水池供水，另有4名患者声称未饮用该蓄水池里的水，但食用过由该蓄水池里的水小批量生产的冰淇淋。检验检疫部门在可疑污

染蓄水池的水样中检出刚地弓形虫基因片段。因此，此次弓形虫的暴发和流行与饮用污染的水或食用由污染的水制作的冰淇淋有关。导致蓄水池污染的原因是：2001年12月，蓄水池旁的一只雌猫生了3只猫仔，其中2只猫仔生活在水池顶部，由于蓄水池是1940年修建的，已有裂缝而无法防水，导致水源被猫粪污染。此外，该水源缺乏过滤和净化等水处理程序，市政水源加氯消毒不足以杀死弓形虫卵囊。

便便有虫，
注意防范

自从1922年捷克一名眼科医生报告了第一例人类弓形虫病以来，弓形虫感染及弓形虫病遍布世界各地。估计全世界至少有1/3的人感染弓形虫。欧洲是弓形虫感染的高发区，部分地区人群感染率达80%；在美国为20%；在巴西超过60%的育龄妇女感染了弓形虫；我国弓形虫平均感染率在5%左右，并呈逐年上升趋势。

弓形虫病分为先天性和获得性两种。前者由妊娠期感染弓形虫的孕妇通过胎盘将弓形虫垂直传播给胎儿而引起，可出现流产、早产、死胎、畸胎等，存活者中80%有智力发育障碍，50%有视力障碍。目前弓形虫检查已成为孕期检查的常规项目之一。后者因食入未烧熟、煮透的含有弓形虫的肉制品、蛋类、奶类而感染。弓形虫病分布极为广泛，许多哺乳类、鸟类及爬行类动物为自然感染，家畜的抗体阳性率可达10%～50%。人类感染弓形虫后，多呈隐性感染状态，没有明显的临床症状，但可引起免疫力低下，继发感染，严重时造成死亡。在免疫力低下或免疫缺陷人群，如艾滋病患者、器官移植患者、长期化疗患者群体当中，弓形虫常引起严重后果，表现为弓形虫脑炎、眼病等多脏器病变，直接造成死亡。

对弓形虫病的治疗，目前尚缺乏理想的药物。

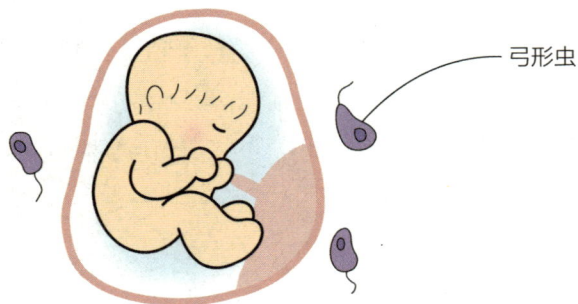

弓形虫

食源性寄生虫除广州管圆线虫、华支睾吸虫、旋毛虫、绦虫之外，还有卫氏并殖吸虫（又称"肺吸虫"）、异尖线虫、姜片虫等。通常这类寄生虫通过进食生鱼片、生鱼粥、醉虾蟹，或者食用经过烧、烤、涮等但未彻底熟透的水生动植物而感染。抓鱼后不洗手，用切过生鱼、生肉的刀及砧板切熟食，或者用盛过生鲜的器皿盛熟食都能使人感染。

在2004年的调查中，我国肺吸虫病的感染率为1.71%，感染人数为68209人，主要是由于生吃或半生吃河（溪）蟹、小龙虾和蝲蛄。

另外，饮用含有囊蚴的生水或生吃含囊蚴的菱角、荸荠、菱白、莲藕等水生植物，使姜片虫病患者剧增。

我国还新出现了一些极少见、甚至罕见的食源性寄生虫病，如因生食淡水鱼、吞食活泥鳅而患棘颚口线虫病、阔节裂头绦虫病，生吃海鱼、海产软体动物而患异尖线虫病，生饮蛇血、生吞蛇胆而患舌形虫病，生吃龟肉、龟血而患比翼线虫病等。

为了预防食源性寄生虫病，餐饮单位应严格按照有关卫生要求采购、加工水产品，不得提供可能被寄生虫污染的生食水产品。消费者应避免进食生鲜或未经彻底加热的水产品，不饮生水；不用盛过生鲜水产品的器皿盛放其他能直接入口的食品；加工过生鲜水产品的刀具及砧板必须清洗、消毒后方可再用；不用生鲜水产品喂食猫、狗。

第 3 章

舌尖上的化学

食品中的化学性污染物对人体的危害可表现为急性中毒、慢性中毒，以及致畸、致癌、致突变的"三致"作用。为了健康，要学习与吃有关的化学知识，知己知彼，方能百战不殆。

一、农药残留知多少

是否所有农产品都有农药残留？

农业生产过程中常常发生病虫草害，因此，需要用农药进行防治。只不过有的有机农业使用天然的生物农药，但几乎所有农产品都可能有农药残留。中国农产品如此，外国农产品也如此。其实农业现代化程度越高，农药的使用量就越大，因此，发达国家农药使用率普遍高于发展中国家。根据2000年联合国粮食及农业组织的统计，发达国家单位面积农药使用量是发展中国家的1.5~2.5倍。在生产实际中，由于农药使用技术等限制，农药实际使用率只有30%，大部分农药流失到环境中。植物上的农药残留主要保留在植物表面，具有内吸性的农药部分会被吸收到植物体内。植物上的农药经过风吹雨打、自然降解和生物降解，在收获时，农药残留量是很少的。但为了确保农产品的安全，国家要制定农药残留标准，将农产品的农药残留量控制在安全的范围内。没有残留是理想情况，但目前没有一个国家能做到。减少农药残留，确保农产品安全，是各国农业和农药管理的工作目标。

能不能不用农药？

近年来农产品品质安全事件时有发生，有些消费者会有"能不能不使用农药"的疑问。其实，世界上使用农药也就200多年的历史，但在这期间，农药的使用量不断增加。这是因为人口增长需要大力发展农业生产，以保障粮食的安全供给，而现代农业的发展也越来越依赖于使用农药。有研究指出，作物病虫草害引起的损失最多可达70%，通过正确使用农药可以挽回40%左右的损失。我国是一个人口众多、耕地紧张的国家，粮食增产和农民增收始终是农业生产的主要目标，而使用农药控制病虫草害以避免粮食减产是必要的技术措施。如果不用农药，我国可能会出现饥荒。农业机械化等现代农业技术需要使用农药进行除草、控高、脱叶、坐果等。农药对植物来说，犹如医药对人类一样重要，而且必不可少。但我们可以通过一些措施减少农药残留：一是全面开展病虫害综合防治，减少农药使用量；二是正确规范使用农药，减少农药残留量；三是大力推广生物农药，减少化学农药的使用，不断降低农药残留标准。农业部门一直在致力于进行这些工作。

含有农药残留的农产品能不能吃？

食用含有农药残留的农产品是否安全，取决于农药的残留量、毒性和农产品的食用量。为确保农产品的安全，各国根据农药的毒理学资料（主要是每日允许摄入量和急性参考剂量）和居民食物结构等，制定农药残留限量标准。残留量低于标准是安全的，可以放心食用，而超标农产品则存在安全风险，不应食用。需要补充的是，国家在制定残留标准时增加了至少100倍的安全系数，因此残留标准具有很大的保险系数，理论上讲，即使误食残留超标的农产品可能也不会发生安全事故。

为确保农产品安全，我国对农药安全性进行严格管理。农药登记需要进行急性、亚慢性和慢性等安全试验，绝不批准存在致癌、致畸等安全隐患的产品登记。我国还对高毒农药采取了最严格的管理措施，先后禁止和淘汰了数十种高毒农药，其中包括甲胺磷等在美国等一些发达国家仍在广泛使用的产品，同时大力发展生物农药。目前我国高毒农药的比例已由原来的30%减少到了不到2%，而72%以上的农药是低毒产品，农药安全性已大幅提高。这并不是说我国的农产品是绝对安全的，但可以肯定的是，现在的农药比以前的农药更加安全。如果担心农药残留，大家在吃鲜食蔬菜和水果时可以采取浸泡和削皮等措施，去除可能的农药残留。

哪些农产品的残留风险更大一些？

有机农产品、绿色食品和无公害农产品对农药的选择及使用方法都有严格的规定，一般农药残留量相对较小，超标的情况较少，相对比较安全。小麦、水稻和玉米等粮食作物，由于生长期长、储存期也长，大部分农药残留会被降解掉；而且经过加工和烹调，其农药残留会进一步被去除和降解，相对比较安全。由于蔬菜和水果大部分是鲜食的，农药残留降解少，因此国家对蔬菜和水果使用的农药管理较严，除禁止使用高毒农药外，严格规定了允许使用的农药的使用技术和安全间隔期，正常生产不会出现安全问题。一些连续采收的鲜食蔬菜和水果，其农药残留风险可能相对大一些。农产品都有农药残留，但各国对农药及其残留的管理严格，因此符合农药残留标准的农产品是安全的。要增强安全意识，但也不必谈农药色变。农药残留的量非常少，其危害远小于一些环境中的污染物和空气中的病原微生物。

我国农药残留标准是否比欧美低？

在农药残留标准方面，欧美农药管理历史长，其制定的标准比我国多，但很难比较各国残留标准的水准高低。从技术层面讲，各的农业生产、农药使用情况和食物结构等不同，残留标准必然会存在一定的差异。从管理层面讲，尽管制定残留标准的主要目的是确保食品安全，但现在各国将农药残留标准作为农产品国际贸易的技术壁垒。各国农药残留标准差异还受以下几个因素的影响。

一是对于本国不生产、不使用的农药，往往制定最严格的标准，而本国使用的农药，特别是在出口农产品上使用的农药，残留标准在安全范围内尽可能宽松。如美国、欧盟和日本对本国没有登记使用的农药一律按照限量标准（0.01～0.05毫克/千克）执行，而这个浓度许多发展中国家的仪器都难以检测。但是在本国登记使用的农药，即使农药毒性强，其标准却宽松。如美国规定高毒农药甲胺磷在芹菜上的标准为1毫克/千克（日本：5毫克/千克），在花椰菜上的标准为0.5毫克/千克（日本：1毫克/千克）。

二是对本国没有或主要依靠进口的作物制定了严格的标准。如氯虫苯甲酰胺是种新杀虫剂，欧盟在葡萄上的标准为1毫克/千克，而在大米等粮谷上的标准为0.01毫克/千克，在茶叶上的标准为0.02毫克/千克。按说葡萄可鲜食，标准应该更高，但葡萄是欧洲的优势作物，因此制定的标准宽松。再如常用的杀菌剂百菌清，欧盟在可直接食用的苹果、梨上的标准为1毫克/千克，而在大米等

农药残留标准与国际接轨

粮谷上的标准为0.01毫克/千克，在茶叶上的标准为0.1毫克/千克。

三是对同一作物，各国标准也不同。如安全性不太高的杀菌剂克菌丹在稻谷上的残留标准，日本为5毫克/千克，欧盟为0.02毫克/千克，相差250倍；又如高毒农药甲基对硫磷在稻谷上的残留标准，日本为1毫克/千克，欧盟为0.02毫克/千克，相差50倍。

为了协调和统一残留标准，国际食品法典委员会负责制定农药残留国际标准。即使有国际残留标准，大部分发达国家都执行自己的本国标准，而绝大部分发展中国家因为制定残留标准的能力弱，往往只能执行国际标准。我国是国际食品法典农药残留标准委员会的主席国，因此，我国的农药残留标准尽可能与国际食品法典标准（而不是欧美日标准）接轨，有的标准比发达国家低，但有的标准比发达国家高。如新农药甲氧虫酰肼，我国在甘蓝上的标准为2毫克/千克，而美国和日本为7毫克/千克；马拉硫磷是老农药，我国在柑橘、苹果、菜豆上的标准为2毫克/千克，在糙米上的标准为1毫克/千克，在萝卜上的标准为0.5毫克/千克，均严于美国8毫克/千克的标准；嗪草酮在大豆上的标准为0.05毫克/千克，而美国为0.3毫克/千克，欧盟和日本为0.1毫克/千克；常用杀菌剂噻菌灵，我国在蘑菇上的标准为5毫克/千克，美国为40毫克/千克，欧盟为10毫克/千克，日本为60毫克/千克，我国残留标准分别比他们严格8倍、2倍和12倍。我国制定农药残留标准时主要考虑安全性，很少涉及贸易保护问题。只要符合残留标准，农产品就是安全的。不能用别国的标准来判断我国的农产品是否安全，也不能用一国的标准否定别国的标准，这缺乏科学性。因为农药残留标准不仅仅是根据安全风险评估结果来制定的，也综合考虑了产业发展、国际贸易等各方面因素。

如何去除农药残留？

农产品中的农药残留可以通过一些方法加以去除或使其减少，常用的简单方法包括放置、洗涤、烹调和去皮等。一是放置，因为农药残留会随时间的延长而不断降解，一些耐储藏的土豆、白菜、黄瓜、番茄等，购买后可以放几天，一方面可以使农产品继续熟化，另一方面农药会降解，减少残留。二是洗涤，残存于农产品表面或外部的农药残留较易被水或洗洁精冲洗掉，因此，在烹调前将蔬菜用水泡半个小时，再适当加洗洁精冲洗，基本可去除表面的农药残留。三是烹调，高温一般可以使农药残留更快地降解。四是去皮，苹果、梨、柑橘等农产品表皮上的农药残留一般都要高于内部组织，因此，削皮、剥皮是一个很好的方法。

需要说明的是，无论采用什么方法，要完全清除农产品中的农药残留，特别是已经进入农产品内部组织的少量农药残留，是难以做到的。如果在去除农药残留过程中使用了其他物质，如洗洁精、消毒剂、酶制剂等，那么需要考虑这些物质残留的安全性问题。洗洁精等产品虽然能去除农药残留，但其本身作为化学或生物污染物，也有可能对农产品（或食品）造成二次污染。有些洗涤剂的毒性可能比许多农药还强。有意识地对农产品进行适当的处理是可以的，但过分处理是没有必要的。只要残留不超标，就不会出现安全问题。就像我们每天都有可能接触病菌，但不一定会发病。

削皮　　　　　　　　清洗　　　　　　　　加热

目前对"蔬果专用的清洁剂可以减少蔬果表面的农药残留"这种说法，国际食品安全机构未有任何定论。如果使用蔬果专用的清洁剂清洗蔬果，记得要彻底冲洗干净，以免摄入清洁剂。

二、有毒金属与公害病

汞、镉、铅、砷等金属/类金属元素通过食物进入人体，干扰人体的正常生理功能，危害人体健康，被称为"有毒金属"。食品中的有毒金属元素，一部分来自作物对重金属元素的富集，另一部分则来自食品生产、加工、储藏、运输过程中出现的污染。有毒金属元素可通过食物链经生物浓缩，浓度提高千万倍，最后进入人体造成危害。进入人体的重金属要经过一段时间的积累才显示出毒性，往往不易被人察觉，具有很大的潜在危害性。

有毒金属污染来源

未经处理的工业废水、废气、废渣的排放，是汞、镉、铅、砷等重金属元素及其化合物污染食品的主要渠道。大气中的重金属主要来源于能源、运输、冶金和建筑材料生产所产生的气体和粉尘。除汞外，重金属基本上是以气溶胶的形态进入大气的，再经过自然沉降和降水进入土壤。作物通过根系从土壤中吸收并富集重金属，也可通过叶片从大气中吸收气态或尘态铅和汞等重金属元素。据研究，蔬菜中铅含量过高与汽车尾气中的铅污染有很大的关系。作物中积累的重金属可通过食物链进入人体，给健康带来潜在危害。

农业上使用的农药和化肥是造成食品污染的另一个渠道。磷肥含有镉，其使用面广且量大，可造成土壤、作物和食品的严重污染。长期使用含铅、镉、铜、锌的农药、化肥，如磷矿粉、波尔多液、代森锰锌等，将导致土壤中的重金属元素积累。有机汞农药含苯基汞和烷氧基汞，在体内易分解成无机汞化合物。目前我国已禁止生产、进口和使用有机汞农药。除拌种常用的醋酸苯汞、氯化乙基汞外，各国都已禁止使用有机汞农药。但民间仍有使用有机汞农药的情况，应引起重视。

在食品加工过程中使用的机械、管道等与食品摩擦接触，会使微量的金属元素混入食品中，引起污染。储藏食品的大多数金属容器都含有重金属元素，在一定条件下也可污染食品。另外，重金属元素还会随部分药物进入人体，产生危害。当前，国际上进口中药材和中成药的国家对中药材和中成药中的重金属含量提出了严格要求。

水俣病

20世纪50年代初，在日本九州岛南部熊本县的一个叫"水俣镇"的地方，出现了一些口齿不清、面容呆滞、手脚发抖、精神失常的人。这些人久治不愈，最后全身弯曲，悲惨死去。这个镇有4万居民，几年中先后有1万人不同程度地患上此病，其后附近的其他地方也发现同类疾病患者。经数年调查研究，1956年8月，日本熊本大学医学院发布的研究报告证实，这种疾病是居民长期食用八代海水俣湾中的含汞水产品所致。

汞也称"水银"，是我们常用的温度计里显示刻度的银白色金属。它是一种有剧毒的重金属，具有较强的挥发性。汞对于生物的毒性不仅取决于它的浓度，而且与汞的化学形态及生物本身的特征有密切关系。一般认为，汞通过渗透海洋生物的体表（皮肤和鳃）进入生物体内。

汞进入水体的主要途径是工业废水排出、含汞农药流失及含汞废气沉降。此外，含汞的矿渣和矿浆也是来源之一。水俣湾为什么会有含汞的水产品呢？这还要从水俣镇的一家工厂谈起。水俣镇有一家醋酸工厂，在生产中采用氯化汞和硫酸汞两种化学物质作催化剂。催化剂在生产过程中仅仅起促进化学反应的作用，最后全部随废水排入临近的水俣湾内，并且大部分沉淀在湾底的泥里。虽然工厂所用的催化剂氯化汞和硫酸汞本身也有毒，但毒性不是很强。然而它们在海底的泥里，通过细菌作用变成毒性十分强烈的甲基汞。甲基汞每年能以1%的速率释放出来，对上层海水造成二次污染，长期生活在这里的鱼、虾、贝类最易被甲基汞污染。水生生物摄入甲基汞并蓄积于体内，又通过食物链逐级富集。在污染的水体中，鱼体内的甲基汞含量比水中要高万倍，人们因食用被污染的水中的鱼、贝壳而中毒。据测定，水俣湾里的水产品含汞量已超过可食用量的50倍。水俣湾居民长期食用此种水产品，自然成为受害者。

⇨ 通过食物吸收
➡ 通过体表吸收

在我国松花江附近的村庄，也曾发生儿童因吃了含甲基汞的鱼而影响随意运动功能，导致握力降低、手眼协调功能下降、记忆力变差等。因此，含汞废水必须经过净化处理，达到0.05毫克/升（按汞计）以下方可排放，饮用天然矿泉水总汞限量≤0.001毫克/升，谷类及其制品≤0.02毫克/千克，新鲜蔬菜、乳及乳制品≤0.01毫克/千克，肉类、蛋类≤0.05毫克/千克，食用盐≤0.1毫克/千克，水产动物及其制品（肉食性鱼类及其制品除外）甲基汞限量≤0.5毫克/千克，肉食性鱼类及其制品（金枪鱼、金目鲷、枪鱼、鲨鱼及以上鱼类的制品除外）甲基汞限量≤1毫克/千克。

痛痛病

1955年，在日本神通川沿岸的一些地区出现了一种怪病，开始时人们只是在劳动之后感到腰、背、膝等关节处疼痛，休息或洗澡后可好转。持续几年之后，疼痛遍及全身，人的正常活动受到限制，即使大喘气都感到疼痛难忍。身体萎缩，骨骼软化、畸形，严重时一些轻微的活动或咳嗽都会造成骨折。最后，患者饭不能吃，水不能喝，卧床不起，呼吸困难，病态十分凄惨，在极度疼痛中死去。

这种怪病的发生和蔓延，引起人们的极度恐慌，但是谁也不知道这是什么病，只能根据患者不断地呼喊"痛啊，痛啊"，而称其为"痛痛病"。

原来在日本明治时代初期，三井金属矿业公司在神通川上游发现了一个铅锌矿，于是在那里建了一个铅锌矿厂。在铅锌矿石中还含有一种叫"镉"的金属，化学符号是Cd。镉进入人体后，主要蓄积于肾脏，会对肾脏造成损害。镉还抑制维生素D的活性。维生素D是人体不可缺少的营养素，缺乏维生素D，会妨碍钙、磷在人体骨质中的正常沉积和储存，最终导致骨软化。这个工厂在洗矿石时，将含有镉的大量废水直接排入神通川，河水被严重污染。河两岸的稻田用被污染的河水灌溉，导致产出的稻米含镉量很高。人们长年吃这种被镉污染的大米，喝被镉污染的神通川水，久而久之，就造成了慢性镉中毒。痛痛病实际上就是典型的慢性镉中毒。

痛痛病不仅在日本出现过，在其他国家也有发现。痛痛病至今尚无有效的治疗方法，体内积蓄的镉也没有安全有效的排出方法。因此，消除镉对环境的污染就显得特别重要，这是防止痛痛病发生的根本措施。

痛痛病是因镉对人类的生活环境造成污染而引起的，影响面很广，受害者众多，所以被认为是公害病。

控制重金属污染，首先要从源头上把关，严格控制工业"三废"和城市生活垃圾对农业环境的污染；其次，加快推行标准化生产，加强农产品质量安全关键控制技术研究与推广，加大无公害农产品生产技术标准和规范的实施力度；再次，加强食品安全监督与检验，强化质量管理，完善食品安全检验检测体系；最后，还要加强食品安全教育，提高公众

环保意识，加强群众监督，共同保护自然生态环境，维护人体健康。

随着人类发展和工业的大量开发，日常生活所产生的污染物及工业废水被排入海洋，令生活在海洋中的各种生物普遍受到不同程度的污染。贝类的污染情况较为严重，因为贝类是滤食性生物，容易摄取海水中的重金属并积聚于组织内，尤其是内脏部分。

食品安全小锦囊

- 均衡饮食，不要过量进食水产品或只吃单一品种的水产品。
- 少吃内脏及鱼皮、鱼头等含有较多脂肪的部分。
- 少吃大型鱼、深海鱼（尤其肉食性鱼类）等，因为生长期越长的鱼相对越容易积聚重金属。
- 水产品应彻底清洗，煮熟后方可进食。

三、蔬菜中的硝酸盐

硝酸盐是大自然中氮元素循环的一部分，存在于空气、泥土、水及食物中，而生物体内也可以制造硝酸盐。在食品中人为添加的硝酸盐则主要用作护色，腌腊肉类（如火腿）都会添加硝酸盐。硝酸盐本身并没有毒性，但进入人体后，会转变为亚硝酸盐，而亚硝酸盐是致癌物N-亚硝基化合物的前体物。长期少量或一次大量摄入N-亚硝基化合物，都可能诱发肿瘤，如肝癌、胃癌、食管癌、肠癌等。

2002年，世界卫生组织与联合国粮食及农业组织联合专家委员会确认硝酸盐的每日允许摄入量为每天每千克体重3.7毫克。换句话说，一个重60千克的成年人每天可摄入222毫克硝酸盐。

人体摄取的硝酸盐大部分来自蔬菜，另外还有受到污染的饮用水、加工肉制品等。蔬菜中的硝酸盐含量会因蔬菜的种类、食用部位、种植季节、光线强弱、温度、肥料、存放地点及加工程序等因素的不同而有所不同。举例来说，西蓝花、花椰菜等属于硝酸盐含量较低的蔬菜，而菠菜、苋菜则含有较多的硝酸盐。另外，香菜的硝酸盐含量也较高（平均1240毫克/千克），但由于一般人食用香菜的量很少，所以影响相对较小。

常见蔬菜的平均硝酸盐含量

蔬菜品种	硝酸盐含量（毫克/千克）	蔬菜品种	硝酸盐含量（毫克/千克）
苋菜	2167	西蓝花	279
莴苣	1324	花椰菜	311
菠菜	1066	洋葱	164
芹菜	1103	蒜头	69
白萝卜	1416	番茄	43
甜菜根	1379	蘑菇	61
甘蓝	933	豌豆	30
南瓜	894		

蔬菜含有硝酸盐，但它可以提供膳食纤维、维生素和矿物质，对人体健康非常重要，是世界各国居民日常饮食中不可缺少的食物。欧洲食品安全局亦评估了从蔬菜中摄取硝酸盐的风险，结论是"从蔬菜中摄入硝酸盐不会对健康带来可见的风险，所以进食蔬菜带来的好处应大大高于从蔬菜中摄入硝酸盐带来的风险"。保持均衡饮食，不会错。

四、环境激素——偷走人类未来的罪魁祸首

"环境激素"一词是1996年由美国环境记者戴安·达玛诺斯基在其所著的《失窃的未来》一书中首次提出的，她认为环境激素并不直接作为有毒物质给生物带来不良影响，而是以激素的形式对生物体起作用。即使数量极少，环境激素也会使生物体的内分泌失衡。环境激素对人类及动物的危害很大，以其对生殖系统的损害最引人注目。环境激素具有与内分泌激素类似的结构，能引起生物内分泌紊乱，又被称为"内分泌干扰物"。绝大部分环境激素都是由人类活动释放到环境中的，使人类的生存和繁衍受到威胁，现已成为继臭氧层空洞、温室效应之后的又一全球性环境问题。

环境激素直接或间接地隐藏在我们身边，其中典型的一类被称为"持久性有机污染物"（POP），最具代表性的是滴滴涕（DDT）类杀虫剂和除草剂、多氯联苯（PCB）类绝缘材料和塑料物质、二噁英等垃圾焚烧产生的物质、激素类医用药物。这些物质长期与人类和动物接触，会渐渐引起内分泌系统、免疫系统、神经系统出现功能异常。

环境激素的分子结构与人体内激素的分子结构非常相似，当它们进入人体后，就会鱼目混珠地与激素的受体相结合，随后向人体发出错误的指令，诱使某些生理功能渐渐改变，最终导致人体出现严重病变。环境激素对人体的作用具有延迟性的特点，人体在胚胎、幼年时受到的影响可能到成年和老年时才显露出来。

环境激素在环境中非常稳定、不易分解，土壤中的一些残留农药历经数十年依然存在。环境激素通常是脂溶性的，它们进入人体后也极不容易排出。

面对如浪似潮的环境激素污染，许多科学家呼吁，各国应当积极行动起来，对环境激素展开围追堵截，尽快减少环境激素的排放，包括开发新技术（如有害物质的排放技术）、完善污染物监管制度。尤为重要的是，要让公众懂得：节约资源、保护环境就是保护自己的生命，污染和破坏环境无异于自取灭亡。2000年，

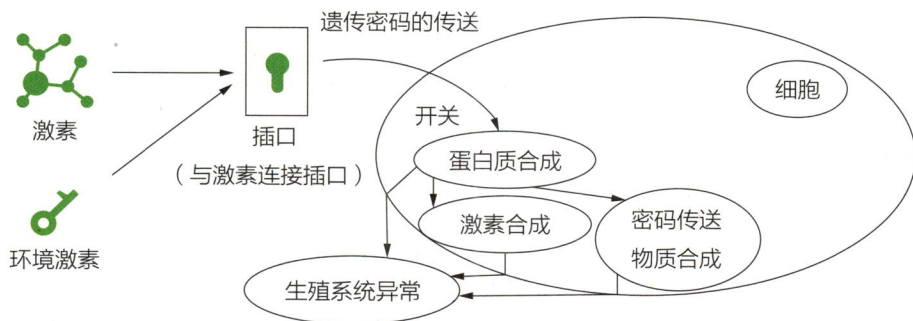

激素

环境激素

插口
（与激素连接插口）

遗传密码的传送

开关

蛋白质合成

激素合成

密码传送
物质合成

细胞

生殖系统异常

全世界120多个国家共同讨论了禁用多氯联苯、滴滴涕等12种持久性有机污染物的问题。这些物质已被人类使用多年，特点是有毒、难以分解，而且污染面很广。有些污染物已在极地动物体内被发现，如科学家在北极熊的脂肪中发现了类似滴滴涕和多氯联苯的化学物质。要控制环境激素的持续污染，需要世界各国采取共同一致的禁用行动。2001年，全世界多个国家和地区的代表签署了《斯德哥尔摩公约》。公约规定，签约国家将在25年之内停止或限制使用12种持久性有机污染物，包括8种杀虫剂、4种工业化合物和在工业生产过程中产生的副产品：艾氏剂、氯丹、狄氏剂、异狄氏剂、七氯、灭蚁灵、毒杀芬、滴滴涕、六氯代苯、多氯联苯、二噁英和呋喃。

1999年2月，比利时一些养鸡户突然发现肉鸡生长异常，蛋鸡出现产蛋数量减少且蛋壳变薄等一系列异常反应，因此向保险公司索赔。保险公司旋即对这一事件进行调查，提取饲料、鸡肉和鸡蛋样品送往荷兰一家研究机构进行化验。结果发现鸡肉中的二噁英含量是世界卫生组织规定标准的140～1500倍，鸡脂肪和鸡蛋中的二噁英含量超过标准800～1000倍，鸡饲料中的二噁英含量高出正常值2000倍。因此，鸡肉和鸡蛋中的高浓度二噁英类物质来自鸡饲料的可能性极大。由于二噁英类物质亲脂性很强，根据这一特性，比利时司法部门将调查方向指向为比利时、法国、德国、荷兰的一些动物饲料工厂提供动物油脂的德鲁克公司。调查发现，德鲁克公司本身并不生产动物脂肪，而是收购其他油脂公司的动物脂肪，将之再加工后进行销售。位于比利时南部，以专门收购家畜肥油和废植物油为主的福格拉公司，其送检样品中发现超量的二噁英类物质。这家油脂回收公司在未对装运废油的油罐进行检查的情况下，将回收的植物油和动物油装入原本盛放废机油的油罐，而油罐中含有二噁英类物质——多氯联苯。至此，基本断定二噁英污染事件的源头是福格拉油脂回收公司。维克斯特饲料加工厂有98吨粉料掺入被含二噁英的废机油污染的动物脂肪，被污染的粉料于1999年1月提供给比利时9家饲料厂和法国2家饲料厂。荷兰和德国各1家饲料厂也进口了这批粉料。这13家饲料厂再生产出1060吨饲料卖给数以千计的养鸡场。事件发生后，比利时的肉类、乳制品等相关产品被多个国家和地区禁止出售、召回和销毁。该事件共造成直接损失3.55亿欧元，间接损失超过10亿欧元，对比利时肉制品出口的长远影响可能损失高达200亿欧元。

二噁英指的并不是一种物质，而是结构和性质都很相似的两大类有机化合物，全称分别为"多氯二苯并-对-二噁英"和"多氯二苯并呋喃"，我国的环境标准中把它们统称为"二噁英"。二噁英类物质是目前已知的环境激素中毒性最强的一类。二噁英具有不可逆的"三致"作用，即致畸、致癌、致突变，还是一类持久性有机污染物。二噁英的许多化学性质目前仍未被完全确定。在一般环境下，其氧化和水解的效率非常低，在环境中持久存在并不断蓄积，一旦进入生物体内就很难分解或排出，会随食物链不断传递和积累放大。人类处于食物链的顶端，是此类污染物的最后集结地。我国已从人体血液、人乳和湖泊底泥中检出了二噁英，说明二噁英在我国环境中已经存在。

二噁英可以被人的胃肠道吸收，然后在肝脏、脂肪、皮肤或肌肉蓄积，对人体有很强的致癌和致畸作用，还可引起严重的皮肤病并伤及胎儿。因此，世界卫生组织国际癌症研究机构将其列入1类致癌物名单。

二噁英的生物富集作用非常强，通常存在于土壤中，其中又以河川的淤泥最易积累。研究发现，绿藻、水螺、鱼比较容易富集二噁英。对人类而言，二噁英主要来自由受二噁英污染的草料、饲料所喂养的畜牧产品中，二噁英随这些被污染的动物源性食品进入人体。只有减少环境污染，才能有效避免二噁英的积累。

五、来自烹调加工的毒物

油炸食品与苯并芘

苯并芘是一种多环芳烃类化合物。多环芳烃在环境中无处不在。人类主要从食品中摄入多环芳烃，特别是利用烘焗和烧烤方式烹饪的食品。多环芳烃亦可通过人体吸入环境中的污染物及经皮肤接触而被摄入。吸烟者可从吸烟过程中摄取多环芳烃。苯并芘被国际癌症研究机构列为1类致癌物。长期接触苯并芘等多环芳烃类化合物可能诱发皮肤癌、阴囊癌、肺癌等。根据世界卫生组织和联合国粮食及农业组织食品添加剂联合专家委员会评估，一般情况下，经食品摄入的多环芳烃含量对人体健康影响不大。但专家委员会建议人类应尽可能减少多环芳烃的摄入。

苯并芘主要存在于熏制食品和烧烤食品中，尤其是脂肪及蛋白质含量高的食品，这类食品受热分解时会产生较多的多环芳烃。而烧焦食品、油炸过火的食品，如熏鱼、烟熏肉、烤羊肉串等，多环芳烃的含量更高。在家做饭时，抽油烟机回收油中的苯并芘含量明显升高。肉类食品加热、烧焦时，也能产生苯并芘，原因是高温引起食品中各成分的热解作用。

食品安全小锦囊

少吃油炸、熏制和烧烤食品。采用合理的加工方法，把有害物质的含量控制在最低水平。

● 煎炸食品时要严格控制油温，最好控制在150℃以下，火不要烧得过旺。煎炸鱼、肉时不要连续高温烹炸，要采取经常间断的煎炸方法。

● 在鱼、肉外面挂上一层淀粉糊再煎炸。

● 烧烤前可适度去掉肉类可见脂肪的部分，避免食品直接接触火焰或油脂滴在热源上，选用铝箔纸（俗称"锡纸"）包裹食品烧烤。

烧烤、油炸食品

3,4-苯并芘

呼吸道癌、肺癌

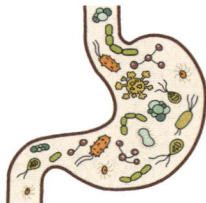

消化道癌

皮肤癌

煎炒烹炸与杂环胺

曾有研究者对经过高温烹调的牛肉、鸡肉、鱼肉等进行检测，结果检出10余种致癌物，其中包括肉本身的蛋白质在高温下的产物——杂环胺。

杂环胺是富含蛋白质的食物在烤、炸、煎的过程中，蛋白质、氨基酸产生的热解产物。谷类食物如烤面包、麦片等，如果过分烘焙，也可能产生杂环胺。

杂环胺是前致癌物，在体内代谢活化后具有致癌性和致突变性。活化后的终致癌物与细胞的DNA结合，形成杂环胺-DNA加合物，使细胞的遗传物质发生改变，引起基因突变。

食品安全小锦囊

- 避免明火接触食物，微波炉加热可以有效减少杂环胺的产生。
- 尽量避免高温、长时间烧烤或油炸肉类食品。
- 不食用烧焦、碳化的食品，或将烧焦部分去除后再食用。

炸薯条中的丙烯酰胺

2002年4月24日，瑞典国家食品管理局举行记者招待会，宣布一些富含淀粉的食品在高温加热后会产生一种具有潜在致癌性的化学物质——丙烯酰胺，并向全世界公布了他们的研究结果。此事立即引起世界卫生组织及各国食品业的广泛关注。随后，挪威、瑞士、英国、美国等国的科学家分别进行研究，取得了与瑞典科学家相同的结果，丙烯酰胺的问题进一步引起全球重视。

丙烯酰胺是一种用来制造塑料的工业化学物。国际癌症研究机构曾对丙烯酰胺的致癌性进行评估，考虑到其基因毒性及对动物的致癌性，将其评定为2A类致癌物。不过，国际癌症研究机构亦指出，目前在流行病学研究中未能提供一致的证据，证明人体在环境暴露或从膳食中摄入丙烯酰胺与患病有关，即没有足够的证据证明丙烯酰胺会导致人类患癌。丙烯酰胺还能引起神经和基因损伤。丙烯酰胺进入人体后，可以转化为另一种物质——环氧丙酰胺，后者与细胞中的核酸结合，破坏染色体结构，导致细胞死亡或转化为癌细胞。丙烯酰胺还具有神经毒性，职业接触丙烯酰胺可能导致周围神经病变和小脑功能障碍，损害神经系统，甚至导致瘫痪。

烟草燃烧释放出的烟雾中含有丙烯酰胺。此外，丙烯酰胺通常会在油炸、烘焙、烧烤等超过120℃的食品高温加热过程中产生。食品中的游离氨基酸天冬酰胺与还原糖（特别是葡萄糖和果糖）在120℃以上的高温环境下发生美拉德反应，产生褐化。食品中丙烯酰胺的主要来源是富含淀粉的煎炸和烘焙食品，包括薯片、烤面包等。水煮食品一般不会产生丙烯酰胺。

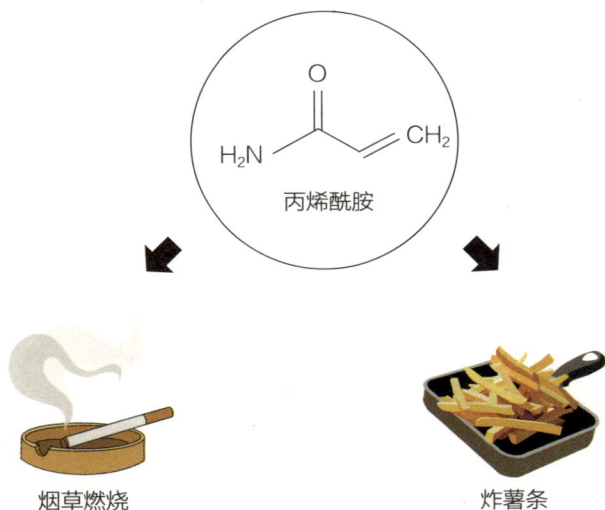

丙烯酰胺

烟草燃烧   炸薯条

食品安全小锦囊

● 少吃烘焙、烧烤或油炸食品。

● 不过度烘焙食品。制作面包时，避免在配料中加入还原性糖，避免使面包外皮呈过深的褐色。油炸食品中的水分能促进丙烯酰胺形成，可考虑降低油炸食品的含水量来抑制丙烯酰胺的形成。

● 避免烹饪时间过长或温度过高，可在炒菜前先焯菜，或者以水煮或蒸的方式处理富含淀粉的蔬菜。

配制酱油中的氯丙醇

2001年，氯丙醇成为继二噁英之后食品污染领域的又一热点问题。1999年，欧盟发现我国出口的部分酱油中氯丙醇含量高达10毫克/升，因此禁止进口我国酱油。世界卫生组织和联合国粮食及农业组织食品添加剂联合专家委员会第41次会议确定氯丙醇为食品污染物。

氯丙醇是一类在用化学方法制作酱油的过程中产生的致癌物，具有雄激素干扰物活性。较常见的氯丙醇包括1-氯-2-丙醇、3-氯-1，2-丙二醇和1，3-二氯-2-丙醇三种。传统酱油酿造法是用微生物来分解黄豆蛋白质，如果让黄豆自行发酵，酿造过程约需半年，耗时较长。有些生产商为了缩短酱油制作周期，利用盐酸来加速脱脂的过程。如果盐酸与已发酵黄豆产生的甘油发生化学反应，会产生氯丙二醇及双氯丙醇等化合物。类似情况亦存在于用化学方法制成的其他调味品（如鸡精）中。

食品安全小锦囊

　　不购买配制酱油。

六、天然毒素——动植物中的坏家伙

龙葵素

2004年5月9日，广东省博罗县某公司有几名员工出现上吐下泻、浑身发热无力、头晕恶心等症状，随后4天共有122名员工发病。经调查，该公司存储的土豆上长有约2毫米长的嫩芽。检测发现，发芽土豆呈龙葵素阳性。

发芽土豆含有一种被称为"龙葵素"的毒素，龙葵素对胃肠道有较强的刺激性和腐蚀性，对中枢神经系统有麻痹作用，并可引起溶血。通常每100克土豆含龙葵素5～10毫克，不会引起中毒；但当土豆发芽或表皮变黑绿色后，每100克土豆所含龙葵素会高达500毫克，尤其以外皮、幼芽、芽孔及溃烂处为多。中毒的潜伏期，短者为30分钟，长者达3小时。

食品安全小锦囊

- 将土豆储存在低温、无阳光直射的地方。
- 不吃在栽培土豆植株残留的原薯块和薯体上赘生的仔薯。
- 不用发芽、有青皮或黑绿皮的土豆制作菜肴。
- 用土豆做菜时，应削皮、制熟、煮透。
- 提倡炖煮法，尽量避免爆炒和凉拌的烹调方法。

我们不喜欢绿色

我就是比你多50倍毒素的土豆侠

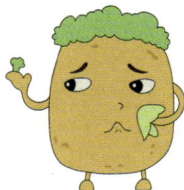

皂苷和植物红细胞凝集素

2004年4月28日，湖北省武穴市连山中学有多名师生相继出现呕吐、腹痛及恶心等症状。经调查，出现中毒症状的师生当日下午均在学校食堂就餐，而且都吃了四季豆。

生的豆类蔬菜，包括四季豆、豇豆、扁豆等，含有皂苷和植物红细胞凝集素。皂苷对人体消化道具有强烈的刺激性，可引起出血性炎症，对红细胞有溶解作用。此外，豆粒中的植物红细胞凝集素具有凝集红细胞的作用。如果四季豆没有彻底烧熟、煮透，皂苷和植物红细胞凝集素未被破坏，食用后会引起中毒。通常中毒症状在食用后的0.5~5小时出现。

食品安全小锦囊

● 正确烹调豆类蔬菜，充分加热，彻底炒熟，最好先用水焯一下再炒。

● 炒熟的判断方法是豆棍由硬变软，颜色由鲜绿色变为暗绿色，吃起来没有豆腥味。

毒蘑菇

2002年8月15日，中南大学教授黄某携妻子和两个儿子一家四口在浙江省宁波市天童森林公园旅游时，在一棵大松树下采集了约500克灰白色野生蘑菇，于当天晚上用高压锅烧煮。不料食用野生蘑菇10分钟后，一家四口陆续出现恶心、呕吐等中毒症状。黄某和小儿子因病情严重死亡，其妻子和大儿子经过全力救治脱离危险，但身体仍受到严重损害。

毒蘑菇又叫"毒蕈"，含有复杂的毒素成分，目前已知包括毒蕈碱、阿托品样毒素、溶血毒素、肝毒素、神经毒素等150种毒性很强的毒素。中毒的临床表现复杂多样，一般分为胃肠炎型、神经精神型、溶血型、脏器损害四种类型，其中以脏器损害型最为严重，死亡率极高。

食品安全小锦囊

不采、不吃野生蘑菇。

生豆浆

2003年3月19日，辽宁省海城市8所小学近4000名学生集体饮用了由鞍山市宝润乳业有限公司生产的"高乳营养学生豆奶"。上午10时左右，一些学生出现腹痛、头晕、恶心等症状，随后被学校送往医院治疗。在其后几天内，到医院就诊检查的学生不断增加。经调查认定，本次事件是豆奶食物中毒。

大豆中含有胰蛋白酶抑制剂、植物红细胞凝集素、皂苷等物质，这些物质比较耐热。如果喝了半生不熟的豆浆、豆奶，或者吃了未炒熟的黄豆、黄豆粉，就有可能引起中毒。胰蛋白酶抑制剂能抑制人体内蛋白酶的活性，影响蛋白质的消化吸收，过量食用会出现恶心、呕吐、腹痛、腹胀和腹泻等症状，严重者可出现脱水和电解质紊乱。

食品安全小锦囊

豆浆应烧开煮透。通常，当锅内豆浆出现泡沫沸腾时，温度只有80~90℃，此时尚不能将豆浆内的胰蛋白酶抑制剂、植物红细胞凝集素、皂苷等物质完全破坏。应减小火力，再继续煮沸5~10分钟，才能将豆浆内的有害物质彻底破坏。

076

河豚（鲀）毒素

2006年4月14日，浙江省余姚市孙某等三人捡回一条鱼，拿回家烧熟吃了。吃完没多久，三人就出现不良反应。之后，三人被紧急送到附近的医院抢救，虽恢复了心跳，但没有恢复自主呼吸，遂转送上级医院抢救。15日晚，孙某的儿子和阿姨脱离了危险，但孙某经抢救无效死亡。据医生介绍，从中毒症状来看，基本上可以确定为河豚中毒。

河豚毒素是一种毒性极强的海洋生物神经毒素，因为这种毒素常存在于鲀形目的河豚体内，因而被称为"河豚毒素"。河豚的全身只有部分肌肉不含毒素，河豚的肝、脾、胃、卵巢、卵子、睾丸、皮肤及血液均含有河豚毒素，其中以卵子和卵巢中的毒素最多。河豚毒素是一种强烈的神经毒素，其毒性比氰化钠高1000倍，中毒后很容易引起死亡。事实上，河豚毒素除了在鲀形目鱼类中被发现，亦存在于其他水产品中，如鹦哥鱼、虾虎鱼、神仙鱼、蓝纹章鱼及海星等。

河豚毒素是热稳定的毒素，即使经过高温烹煮，亦无法被破坏。一般进食0.2毫克河豚毒素，就可出现中毒的症状，而摄入1~2毫克就可致命。

早在1990年，原卫生部就出台《水产品卫生管理办法》，规定河豚不得流入市场。不过，近几年河豚的养殖、经营开始有条件地放开。《农业部办公厅 国家食品药品监督管理总局办公厅关于有条件放开养殖红鳍东方鲀和养殖暗纹东方鲀加工经营的通知》《农业部办公厅关于开展养殖河鲀鱼源基地备案工作的通知》（农办渔〔2016〕20号）指出，在经备案的鱼源基地养殖、具备条件的农产品加工企业加工的红鳍东方鲀和暗纹东方鲀可以在市场上合法流通。切记，不能吃鲜鱼，野生河豚仍然被明令禁止经营。

竟敢吃河豚

有毒贝类

2005年3月16日晚，广州市海珠区的两户人家共6人因为进食贝子后出现中毒症状，随即到附近的广州市红十字会医院急诊科就诊。

海水中含有大量单细胞藻类等多种浮游生物，因藻类含有黄色或棕色色素，当大量繁殖、集结时，肉眼外观略呈赤红色，故称之为"赤潮"。这些藻类大多含有毒素，对特定海域造成了污染。虽然贝类、螺类，如织纹螺等动物，摄入这些有毒藻类后本身不会中毒，但它们将毒素储存在体内，成为有毒贝类、螺类。毒素主要积聚于内脏及生殖腺内。人若不小心食用就会引起中毒。因此，一些常见的贝类生物，如扇贝、青口、蚬、蚝、带子等是造成贝类中毒的高风险食物。贝类毒素的耐热性非常高，不能通过烹调加工除掉，而且在烹煮过程中，毒素可能会转移到汁液中。另外，由于毒素无色无味，无法从外观上判断贝类是否受到毒素污染。

根据中毒症状，贝类中毒可分为四大类：①麻痹性贝类中毒，染有此类毒素的贝类主要有紫贻贝、巨石房蛤、扇贝、巨蛎等。②腹泻性贝类中毒，染有此类毒素的贝类仅限于双壳贝，尤以扇贝、紫贻贝最甚，其次是杂色蛤、文蛤和黑线蛤等。③神经性贝类中毒，染有此类毒素的贝类以巨蛎和帘蛤等为主。④记忆丧失性贝类中毒，该类毒素可污染双壳贝及其他甲壳类动物。目前我国以麻痹性贝类中毒和腹泻性贝类中毒最为常见。

食品安全小锦囊

- 不购买被赤潮污染的贝类、螺类等水产品。

- 食用贝类前要浸养于清水中一段时间，并定时更换清水，让贝类自行排出体内的毒素。处理贝类时先刷洗其外壳，彻底加热煮沸后再食用。

- 每次进食贝类不要过量，并避免进食其内脏、生殖器及卵子。不要进食烹煮贝类剩下的汁液。

雪卡毒素

2003年11月14日，广东省中山市小榄镇的郭小姐举办婚礼，有近700人参加婚宴。从当晚开始到次日，陆续有人出现恶心、呕吐、腹泻等症状，先后有近400人出现了不同程度的中毒反应。原因是当天餐桌上有一道用名为"老虎斑"的深海鱼做的菜，老虎斑中含有雪卡毒素，导致进食者中毒。

雪卡毒鱼类中毒是全球常见的一种海产品中毒，是进食了含雪卡毒素的鱼类造成的。目前，有400多种鱼类可能蓄积雪卡毒素，其中包括东星斑、老虎斑、苏眉等为人们所熟悉的珊瑚鱼。每年3～4月是海鱼的生殖季节，鱼类进食更多，体内积累的雪卡毒素也较多，是雪卡毒鱼类中毒的高发季节。

雪卡毒素来自依附在死去的珊瑚礁和海藻上生长的海洋微生物，该毒素可随食物链级数递增而积累。毒素经由草食性小鱼吃了有毒的海藻、大鱼再吃草食性小鱼而积聚于大鱼体内。因此，鱼体越大，海鱼所含的毒素越多。

雪卡毒素多积聚于鱼的头部、鱼皮、内脏及生殖器官，但对鱼体本身无害，不会引起任何病症；换言之，消费者无法从外观、气味或肉质来判断鱼类是否含有该毒素。

雪卡毒素非常耐热，无法经高温烹煮而消除，而且冷冻、干燥或人体胃酸亦不能将其破坏。

食品安全小锦囊

- 切勿选购来历不明的珊瑚鱼。
- 避免一次大量进食珊瑚鱼。
- 宜选择3千克以下的珊瑚鱼，因为小鱼比大鱼的毒素含量低。
- 进食珊瑚鱼时应避免同时饮酒、进食果仁或豆类食物，以防加剧中毒的症状。
- 进食后如有任何不适，应立即就医。

毒藻  大鱼  人

小鱼

人

第 4 章

食品添加剂，
跟你想得不一样

防腐剂？漂白剂？着色剂？我们还能吃什么

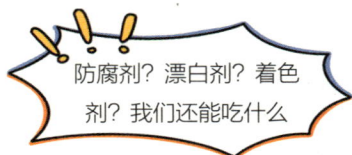

我们没那么可怕呀

添加剂

082

人类使用食品添加剂的历史与人类文明史一样悠久，在人类饮食史上留下了精彩一页。在古代，人们发现用火烤的兽肉、禽肉不仅更好吃，而且烧烤后的食物能保存更长的时间。这其实就是人类使用食品添加剂的开始，食物经过烟熏之后，其中的酸类、酚类等成分对食物起了防腐、抗氧化作用。只是在当时，人们不可能认识到这些而已。"卤水点豆腐"是西汉时期发明的，淮南王刘安和八位著名方士寻找长生不老药，他们在炼丹时以黄豆汁培育丹苗，豆浆与石膏偶尔相遇后，成了白嫩的豆腐，这就是史上"八公山豆腐"的雏形，距今已有2000多年历史。做豆腐用的食品添加剂盐卤（凝固剂）一直使用至今。北魏时期的《齐民要术》记载了从植物中提取天然色素的方法，1000多年前，我们的祖先就用红曲为肉食和面食染色。今天制作肉类熟食不可缺少的食品添加剂亚硝酸盐，在800多年前宋代人制作腊肉时就已经开始使用了，此法还于13世纪传入欧洲。可以看出，自从人类告别茹毛饮血，就与食品添加剂结下了不解之缘。

18世纪工业革命之后，人工合成的各种食品添加剂开始出现并应用。二战之后，西方国家开始大量使用食品添加剂，甚至利用各种添加剂和辅料造出了"人造食品"。美国总统艾森豪威尔上任不久，就到美国农业部品尝了一顿特殊的午餐——橘子粉、乳清干酪酱、低脂牛奶、冷冻脱水豌豆及用新饲养方法生产的牛肉和猪肉。艾森豪威尔对这些添加了各种保鲜剂、色素和香精的"新式食品"非常感兴趣，并决定在全美国推广。

很快，西方发达国家开始在食品工业中大量使用化学合成的食品添加剂。但20世纪五六十年代，科学家们又有了新发现——一些添加到食品中的化学物质可能引发癌症。随后，一些由食品添加剂滥用和误用引发的严重食品安全事件，让许多国家开始出现了"食品安全化运动"和"消费者运动"，提出"禁止使用食品添加剂，恢复天然食品"的口号。正是在这些运动的影响下，各国政府开始严肃对待所有可能添加到食品中的物质。1958年，美国《食品添加剂修正案》应运而生，国际上也先后成立了有关食品添加剂的各种组织，对食品添加剂进行全面的评价。世界各国对食品添加剂的管理远比一般食品更为严格。

一、食品添加剂是什么？

由于世界各国的饮食习惯、食物种类有差异，所以各国对食品添加剂的定义不尽相同。在我国，根据《食品安全国家标准 食品添加剂使用标准》（GB 2760-2024）（简称"《食品添加剂使用标准》"）将食品添加剂定义为"为改善食品品质和色、香、味，以及为防腐、保鲜和加工工艺的需要而加入食品中的人工合成或者天然物质"，食品用香料、胶基糖果中基础剂物质、食品工业用加工助剂也包括在内。

馒头、面条、饼干、包子等面制品就离不开添加剂：为了使面粉筋道，要加入改良面粉的增筋剂；为了使产品增大体积、不易老化、不易破皮，要加入乳化稳定剂。把肉类加工成香肠，常用的添加剂有增鲜剂、乳化剂、防腐剂、发色剂，有时还需填充改性明胶、植物蛋白和变性淀粉。

二、食品添加剂有哪些种类？

在我国，食品添加剂分为23个功能类别。

食品添加剂功能类别与代码

名　称	代　码	名　称	代　码	名　称	代　码	名　称	代　码
酸度调节剂	01	胶基糖果中基础剂物质	07	面粉处理剂	13	甜味剂	19
抗结剂	02	着色剂	08	被膜剂	14	增稠剂	20
消泡剂	03	护色剂	09	水分保持剂	15	食品用香料	21
抗氧化剂	04	乳化剂	10	营养强化剂	16	食品工业用加工助剂	22
漂白剂	05	酶制剂	11	防腐剂	17	其他	23
膨松剂	06	增味剂	12	稳定剂和凝固剂	18		

三、食品添加剂有什么用？

防止食品腐败变质

各种生鲜食品在采收后由于不能及时加工或加工不当，损失可达20%～30%。防腐剂和抗氧化剂可减少这种损失，延长食品的保存期，并预防食物中毒。如果泥、果酱、蜜饯等食品的水分含量高、浓度低、易发酵、霉变，在加工过程中必须添加防腐剂，抑制微生物生长以防变质，延长食品的售卖期。我国每年有30多万吨水果白白烂掉，造成了巨大的经济损失。有了水果蔬菜保鲜剂，损失就会小得多。

改善食品的感官

食品加工后，有的褪色，有的变色，风味和质地也有所改变。适当使用着色剂、食品用香科，以及乳化剂、增稠剂等，可改善食品的色、香、味。比如，在巧克力中添加香料，能使巧克力风味独特、口感顺滑；方形火腿肠放久了会收缩，而加入增稠剂、增味剂，会使其又香又嫩。

改善食品的品质

食品添加剂可改善和提高食品的品质，促进食品生产企业不断开发出的新的食品品种，还能极大地提高食品的商业附加值，提高经济效益。在面条中加入食品添加剂后嚼劲好，咬起来筋道，吃起来有味。一些软糖在储藏期间水分易损失，导致干缩、变硬，添加水分保持剂就可以解决这个问题。

有利于食品加工操作

食品添加剂有利于食品加工操作的机械化、连续化和自动化生产，推动食品工业走向现代化。比如，乳化剂以其特有的表面活性作用广泛应用于制作方便面，它能使方便面面饼中的水分均匀散发，提高面饼的持水性和吸水力，易煮熟。又如葡萄糖酸-δ-内酯作为豆腐的稳定剂和凝固剂，有利于内酯豆腐的机械化、连续化生产。

食品添加剂并不可怕，它们可以保鲜、改善口感，生活中难以离开

四、你离得开食品添加剂吗？

不论是面包、蛋糕、香肠、干红葡萄酒、啤酒、果汁饮料、冰淇淋、口香糖、巧克力和速溶咖啡，还是馒头、包子、油条、元宵、月饼等，制作这些食品都离不开食品添加剂。事实上，食品添加剂可以说是餐桌上的"功臣"，它的发明和应用是食品工业的一次革命。假如没有甜味剂、膨松剂、防腐剂，我们不可能吃到如此丰富多彩、价廉物美的食品。可以说，是食品添加剂改善了我们的饮食生活。一样的牛肉，自己在家里煮好就变成了深褐色、肉丝分散，而在超市里买的酱牛肉却是色泽鲜红、肉质细嫩，让人看了胃口大开。同样的面粉，自己在家里烤出的面包用不了多久就会变硬、发干，而买来的面包放上几天依然松软可口。这种品质上的差别，不是因为制作手艺不同，而是食品添加剂使然。

假如没有食品添加剂，食品很难保鲜，特别是生鲜食品，在自然环境下存放，很容易腐烂、变味、变色。即便采用一般的加工方法，如低温、冷冻、高糖、高盐等，也不能完全阻止微生物的生长。假如没有食品添加剂，食品就不能进行批量化生产。不仅商店里琳琅满目的各种食品将不复存在，而且也不会有现代食品工业。为了食品防腐、保鲜和加工工艺的需要，为了食品在储存、流通过程中易保存，几乎所有的加工食品都使用食品添加剂，如小麦粉中加入面粉改良剂，油脂中加入抗氧化剂，豆制品中加入凝固剂和消泡剂，肉制品和酱油中加入防腐剂，糕点、糖果和饮料中加入着色剂和甜味剂等。所以食品添加剂是国家生产技术和经济社会发展水平的标志之一，越是发达国家，食品添加剂的品种越丰富，人均消费量越大。食品添加剂在现代食品工业和餐饮业中发挥着重要的作用，它们令食品变得更加美味可口。尽管围绕食品添加剂的争论不断，但是我们已经离不开食品添加剂了。说食品添加剂是"食品工业的灵魂"并不为过。大规模的现代食品工业，建立在食品添加剂的基础之上。因为消费者对食品外观、口感、方便性、保存时间等提出了近乎苛刻的要求，所以要想按照家庭方式生产出高标准的食品，几乎是不可能的。如果真的不加入食品添加剂，那么只怕大部分食品都会难看、难吃、难以保存，或者价格高昂，令普通消费者无法接受。

五、食品添加剂的问题出在哪里？

"北风吹，雪花飘，爹爹躲债不敢回……"《白毛女》的故事在中国家喻户晓。喜儿的父亲杨白劳，以卖豆腐为生，因生活所迫向恶霸地主黄世仁借了高利贷。除夕之夜，黄世仁强迫杨白劳卖女抵债，抢走了喜儿。杨白劳痛不欲生，喝下了平日里做豆腐用的盐卤，含恨离开了人间。

"卤水点豆腐，一物降一物。"在中国制作豆腐的传统工艺中，盐卤就是起凝固作用的食品添加剂。加盐卤的量多与少还决定了豆腐的老与嫩，在一定的添加范围内，盐卤是不会对人体健康造成危害的。但如果直接喝下盐卤，肯定会要人命。所以，盐卤这种食品添加剂，只允许在豆制品中适量使用，不允许用于制作其他食品，更不允许直接食用。

杨白劳之死，本质上当然是受恶霸地主黄世仁逼迫，直接原因则是"超范围、超量使用食品添加剂"。任何一种食品添加剂都有规定的使用范围和用量，在规定的使用范围和用量下使用不仅是安全的，而且是有必要的。超过了规定的使用范围和用量就可能带来食品安全问题。因此，《中华人民共和国食品安全法》明确规定：食品生产者应当依照食品安全标准中关于食品添加剂的品种、使用范围、用量的规定使用食品添加剂。

我们对媒体报道的一些相关事件进行具体分析。

染色馒头事件

2011年4月，中央电视台曝光了上海市多家超市销售的玉米馒头中没有加玉米面，而是由经柠檬黄染色的白面制作而成的。《食品添加剂使用标准》规定，柠檬黄是一种允许使用的着色剂，可以在膨化食品、冰淇淋、可可玉米片、果汁饮料等食品中使用，但不允许在馒头中使用。售卖染色馒头除了是一种欺诈消费者的违法行为，也是一起典型的超范围使用食品添加剂的违法事件。

人靠衣裳马靠鞍，
馒头也能巧打扮

蒙牛特仑苏牛奶风波

2009年，蒙牛特仑苏牛奶中添加了牛奶碱性蛋白，这种食品添加剂虽然获得了美国和新西兰政府的使用许可，但我国当时尚未允许使用。

红牛饮料事件

2011年2月8日，黑龙江电视台法制频道关于"红牛真相"的报道称，红牛饮料存在标注成分与国家批文严重不符、执行标准和产品不一致，以及违规添加胭脂红色素等一系列问题。在当时的《食品添加剂使用标准》的食品分类中，红牛饮料属于特殊用途饮料，而特殊用途饮料不允许使用胭脂红。因此，红牛饮料属于违规使用食品添加剂。

滥用食品添加剂是指超出国标规定的使用范围（如染色馒头里面的柠檬黄），或者超出国标规定的用量，或者违背食品添加剂使用原则（如用香精腌渍鸭肉伪造牛羊肉）。如果加入的物质不在国标允许的范围内，就属于违法添加行为（如苏丹红鸭蛋、增塑剂饮料、三聚氰胺奶粉等），使用工业级产品也属于此类（如工业明胶、工业柠檬酸、工业硫酸铜等）。需要强调的是，不论是滥用食品添加剂，还是违法添加行为，都是违法违规的。无论是否造成健康危害，都应当果断采取相应的处罚措施。

在政府的监管和企业的自律之下，如果消费者对食品添加剂还不放心，就必须面临这样的选择——你有时间和精力，有经济实力，那么自己种菜、种粮、烧菜、做饭。毕竟，我们无法拒绝科技对人类生活的影响。

六、食品添加剂和非法添加物莫混淆

食品添加剂和非法添加物是两个不同的概念。其实，食品添加剂的非议之声多来自"误解"。因危害健康而饱受诟病的"三聚氰胺""苏丹红""瘦肉精"都不是食品添加剂，而是非法添加的非食用物质。在食品安全和添加剂问题上，很多人认为食品添加剂不安全，就是将加到食品里的物质误认为是合法的添加剂。事实上，适当地使用食品添加剂对人体是无害的。世界卫生组织和国际食品安全协会都对食品添加剂做了限量要求，在食品加工过程中超过这个限量就会存在安全隐患。如果按照要求添加食品添加剂，是没有安全问题的。到目前为止，国内发生的食品安全事件没有一例是由正确使用食品添加剂引起的。

七、食品添加剂家族成员小档案

近年来，媒体曝光了几起重大食品安全事件后，引起了公众对食品安全的日益关注，也普及了食品安全知识及法律法规，这是社会的进步，也是媒体发挥了重要的监督和舆论引导作用。但有些媒体对食品添加剂的报道不尊重科学和客观事实，缺乏科学依据，不符合相关食品法规的事实和现状，对消费者正确认识食品添加剂和选购食品产生了误导。一些人把与食品添加剂有关的食品安全问题，不分青红皂白地一律冠以"有毒"这个字眼，把食品添加剂说成重大食品安全事件的罪魁祸首，错误地把食品添加剂当成食品不安全的代名词和食品安全事件的"替罪羊"，使食品添加剂蒙受了不白之冤。

食品生产企业按国家规定把使用添加剂的情况标注在商品包装上，却被当成负面新闻报道。一种食品中含有几种食品添加剂，其实意味着想要达到生产工艺和口感的要求，就需要这几种食品添加剂，仅此而已。

目前我国食品添加剂有23个类别，2400种左右。

酸度调节剂

人的舌黏膜受氢离子刺激，即可引起酸味感觉，所以能在溶液中解离出氢离子的酸类都具有酸味，被称为"酸度调节剂"或"酸味剂"。酸度调节剂能赋予食品酸味，除给人以爽快的刺激、增进食欲、提高食品品质外，还具有使防腐剂、护色剂、抗氧化剂增效的作用，还可以促进食物中的钙磷吸收，增加焙烤食品的柔软度。

枸橼酸、乳酸、酒石酸、苹果酸、枸橼酸钠、枸橼酸钾等均可按正常需要用于制作各类食品，碳酸钠、碳酸钾可用在面制食品中，醋酸、磷酸可用于加工调味品和罐头食品，偏酒石酸用于制作水果罐头。根据国家标准规定，可以按照生

食品添加剂
≠
非法添加物

我是给食品
增色的

我是给食品
提味的

我是给食品
保鲜的

着色剂

增味剂

防腐剂

产需要，适量使用酸度调节剂。盐酸、氢氧化钠分别属于强酸、强碱性物质，具有腐蚀性，只能用作食品工业用加工助剂，要在食品加工前予以中和。

抗结剂

以前家里的盐会在瓶子里结成块，吃的时候不得不用小勺使劲刮，很费事。

奶粉也是如此，吃到最后就结成块了。但现在这种情况很少见了，主要原因就是在加工这些食品时添加了抗结剂，从而使容易吸潮而结块的食品能够一直保持粉末或颗粒状态，方便继续食用。

抗结剂是用于防止颗粒或粉末状食品聚集结块，保持其松散或自由流动状态的物质，用于颗粒、粉末状食品中。抗结剂的颗粒一般细小且松散多孔，吸附力很强，可以吸附导致食品结块的水分、油脂等物质。

我国批准使用的抗结剂有亚铁氰化钾（用于食盐中）、硅铝酸钠和硅酸钙（用于植脂性粉末中，如可可粉、含糖可可粉、奶粉、奶油粉）、磷酸三钙（用于葡萄糖粉、蔗糖粉、奶粉、奶油粉、可可粉、含糖可可粉、淡炼乳、甜炼乳、稀奶油、干酪、饼干、面包、固体饮料、小麦粉、油炸薯片、复合调味料）、二氧化硅（用于蛋粉、奶粉、可可粉、可可脂、糖粉、植脂性粉末、速溶咖啡、粉状汤料、粉末香精、固体饮料、原粮中）、滑石粉（用于凉果、话梅类中）等。

消泡剂

顾名思义，消泡剂就是在食品加工过程中能降低食品表面张力、消除泡沫的物质，大致分为两类：一类是能够消除已经产生的气泡，如乙醇；另一类是能够抑制气泡的形成，如乳化硅油等。在发酵、搅拌、煮沸和浓缩等食品加工过程中，不同程度的起泡现象既影响生产率，又会降低产品质量。在豆制品的制作过程中，往往会产生大量泡沫，即"溢锅"现象。在微生物发酵的过程中，发酵产生了二氧化碳，同时发酵液中含有蛋白质，也会产生"溢锅"现象。为此在食品加工过程中广泛使用消泡剂，如硅油乳剂、油酸单甘油酯、山梨糖醇油酸酯、热重合食用油、甘油聚氧丙烯醚、聚醚丙三醇等。

抗氧化剂

被切开、削皮的水果为什么容易变成褐色？这是因为水果中的氧化酶把酚类和单宁物质氧化，生成了褐色素，发生了褐变。食用油或油脂量较高的食品，如香肠、腊肉、肉松、鱼干、鱼松、瓜子、果仁、花生米、芝麻、油炸食品、桃酥、饼干、糕点等，如果保存不当，为什么容易产生"哈喇味"？这是因为这些高脂食品在紫外线、空气、温度、水分及微生物的作用下，会发生一系列的氧化反应，产生过氧化物，如低分子的有机酸、醛、酮等，造成食品产生令人不愉快的气味，就是我们所说的"哈喇味"，专业术语叫"油脂酸败"。

氧化除使食品发生油脂酸败、褐变外，还会破坏维生素，使食品外观、口感和营养价值发生改变，而且油脂酸败产物危害人体健康，可能引起食物中毒。

因此，油脂和高脂食品应在低温、避光的条件下储藏，可有效降低其氧化速度，防止油脂酸败。除了采用密封、排气、避光及降温等措施，适当地使用一些安全性高、效果显著的抗氧化剂，是一种简单、经济又理想的方法。抗氧化剂是能防止或延缓油脂或食品成分氧化分解、变质，提高食品稳定性的物质。食品中因含有大量脂肪（特别是不饱和脂肪酸），容易发生氧化，因此在食品加工的腌渍和浸渍过程中加入抗氧化剂，可以延缓或防止油脂及富含脂肪的食品氧化。我国目前已批准使用的抗氧化剂有丁基羟基茴香醚、二丁基羟基甲苯、抗坏血酸、D-异抗坏血酸、没食子酸丙酯、特丁基对苯二酚、迷迭香提取物、维生素E、茶多酚、竹叶抗氧化物等。抗氧化剂被应用于方便食品、休闲食品（油炸土豆片）、饼干、坚果仁、蛋黄酱、果汁饮料、口香糖、鱼肉火腿，以及各种油脂产品，如色拉油、起酥油、人造奶油等。目前市售的天然抗氧化剂种类少、效果较差，使用较多的仍然是合成抗氧化剂。另外，某些化合物单独使用时没有抗氧化活性，但可以与抗氧化剂共用发挥协同效应，使抗氧化剂作用增强，被称为"抗氧化剂增效剂"，如枸橼酸、酒石酸等。

漂白剂

消费者关注食品的色、香、味，尤其是将色泽列于首位。在加工蜜饯、干果类食品时，原料常发生褐变而影响外观，这时就要求防止食物原料变色。自古以来，我国用熏硫的方法来保存和漂白食品。

漂白剂是能够破坏、抑制食品的发色因素，使其褪色或使食品免于褐变的物质，分为氧化型漂白剂和还原型漂白剂两类。还原型漂白剂应用较广，通过还原等化学作用消耗食品中的氧，破坏、抑制食品氧化酶活性和食品的发色因素，使食品褐变色素褪色或免于褐变，同时还具有一定的防腐作用。我国允许使用的漂白剂有二氧化硫、焦亚硫酸钾、焦亚硫酸钠、亚硫酸钠、亚硫酸氢钠、低亚硫酸钠、硫磺等。使用时要求严格控制使用量和二氧化硫残留量。

传统的特色果干、果脯加工，大多数采用熏硫法或亚硫酸盐溶液浸渍法进行漂白，以防褐变。《食品添加剂使用标准》规定，硫磺的使用范围为干果、干菜、粉丝、蜜饯类，只允许熏蒸，不允许直接加入食品。用硫磺增白馒头是国家有关法规明令禁止的。

膨松剂

以小麦粉为原料的焙烤食品，为了改善品质，加工时常常会加入膨松剂。膨松剂在加工过程中受热分解，产生气体，使面胚发起，形成致密、多孔的组织，从而使食品膨松、柔软或酥脆。有些糖果和巧克力也会在加工时添加膨松剂，可促使糖体产生二氧化碳，从而达到膨松的效果。常用的膨松剂有酵母、碳酸氢钠、碳酸氢铵、复合膨松剂等。

胶基糖果中基础剂物质

口香糖很受年轻人的追捧，它不仅能清新口气，还可以达到预防龋齿的效果，可以说是一举两得。口香糖为什么那么有嚼劲？这就少不了胶基糖果中基础剂物质（简称"胶基"）的功劳。任何一种口香糖、泡泡糖的主要成分都是胶基、糖、香精等，而其中胶基的比例占20%~30%，可见其作用非同一般。《食品添加剂使用标准》中对胶基的定义是：赋予胶基糖果起泡、增塑、耐咀嚼等作用的物质。胶基一般以高分子胶状物质为主，如天然橡胶、合成橡胶、树脂、蜡类等，再加上乳化剂和软化剂、抗氧化剂和防腐剂、填充剂等。

由此可见，胶基对增加口香糖耐咀嚼的口感起到了关键作用。

这么好嚼，
是什么原因

着色剂

在食品的色、香、味、形等感官特性中，颜色最先刺激人的感官。色泽是食品感官质量的一个重要指标，也是鉴别食品质量的基础。随着食品加工业的发展，消费者对食品色泽的要求越来越高。由于受光、热、氧和其他因素的影响，食物固有的色素被破坏，引起色泽失真，容易使人产生食品变质的错觉。为了保护食品正常的色泽，减少食品批次之间的色差，保持外观的一致性，提高商品价值，厂家通过添加一定量的着色剂来达到着色的目的。

着色剂是赋予食品色泽和改善食品色泽的物质。这类物质本身具有色泽，故又被称为"色素"。按其来源和性质分为天然色素和合成色素两类。我国允许使用40余种天然色素，如β-胡萝卜素、番茄红素、甜菜红、虫胶红、红曲米、焦糖色素等。天然色素大多来自水果、蔬菜等植物，部分来自动物，安全性较高，能更好地模仿天然物的颜色，色调较自然。但天然色素的着色力和稳定性不如合成色素，且价格较高，保质期短。我国允许使用的合成色素有苋菜红、胭脂红、赤藓红、诱惑红、新红、柠檬黄、日落黄、亮蓝、靛蓝、叶绿素铜钠盐和二氧化钛等20余种。与天然色素相比，合成色素具备色泽鲜艳、不易褪色、色调多、性能稳定、着色力强、坚牢度大、易调色、使用方便、成本低廉、应用广泛等优良性质。合成色素的毒性源于合成色素中的砷、铅、铜、苯酚、苯胺、乙醚、氯化物、硫酸盐等杂质，它们对人体均可造成不同程度的危害，所以合成色素的用量和使用范围受到严格限制。合成色素禁止添加在下列食品中：肉类及其加工品（包括内脏加工品）、鱼类及其加工品、水果及其制品（包括果汁、果脯、果酱、果子冻和酿造果酒）、调味品、婴幼儿食品、饼干等。

护色剂

　　护色剂又称"发色剂"，是能与肉及肉制品中呈色物质发生作用，使之在食品加工、保存等过程中不致被分解、破坏，呈现良好色泽的物质。我国允许使用硝酸钠（钾）、亚硝酸钠（钾）、葡萄糖酸亚铁、D-异抗坏血酸及其钠盐等护色剂。

　　为什么午餐肉、香肠、腊肉颜色鲜艳、风味独特？我们都知道，刚买回来的新鲜肉放置一段时间后，色泽会从鲜红色变为暗红色，其实这就是肉制品中的肌红蛋白被氧化了。为了使肉制品保持颜色鲜艳，生产企业在加工肉制品的过程中，经常在作料食盐中加入硝酸钠和亚硝酸钠。硝酸盐被加入肉制品后，很快就能在硝酸盐还原酶的作用下，还原成亚硝酸盐。而亚硝酸盐一旦放至酸性条件，就会生成亚硝酸。接着，在常温下亚硝酸分解，产生亚硝基。亚硝基与肉制品中的肌红蛋白发生反应，就可以生成稳定、鲜艳、亮红色的亚硝基肌红蛋白，从而达到护色的目的。使用护色剂，除了为食品护色，在食品抗氧化、抑制细菌生长和增进风味等方面也都有显著的效果。亚硝酸盐可以产生腌肉的特殊风味，并且具有防腐作用，尤其是对肉制品中的肉毒梭菌有不可替代的抑制作用。

在保证色泽良好的条件下，护色剂的用量应限制在最低水平。因为大量摄入亚硝酸盐，可使红细胞中的血红蛋白变为高铁血红蛋白，失去运输氧的能力而导致发绀。亚硝酸盐还是致癌物 N-亚硝基化合物的前体物。因此，在加工工艺许可的条件下，尽可能使用亚硝酸盐的替代品。我国规定硝酸钠和亚硝酸钠只能用于制作肉类罐头和肉制品，婴幼儿食品中不得使用。

另外，在使用护色剂的同时，常常加入一些能促进发色的物质，这些物质被称为"发色助剂"。在肉制品中常用的发色助剂为 L-抗坏血酸、L-抗坏血酸钠及烟酰胺（维生素PP）等，它们可以减少亚硝酸盐的使用量，从而降低对人体的危害。

乳化剂

乳化，专业地讲就是使一种液体以极微小液滴的形态，均匀地分散在互不相溶的另一种液体中。通俗来说，油和水被同时加入同一容器中，分成两层，密度小的油在上层，密度大的水在下层。这时加入适当的表面活性剂，强烈搅拌，油被分散在水中，形成乳状油，这个过程就是乳化，而被加入的表面活性剂，就是乳化剂。乳化剂是能改善乳化体中各种构成之间的表面张力，形成均匀分散体或乳化体的物质。我国允许使用司盘（SPAN）类、吐温（TWEEN）类、硬脂酰乳酸钠（钙）、三聚甘油酯、丙二醇脂肪酸酯、蔗糖酯、大豆磷脂、月桂酸单甘油酯等多种乳化剂。

制作饮料，如果想得到浓缩的黏稠乳液，除了加乳化剂，还必须加入增稠剂，这样才能使饮料具有浑浊均匀的外观，以及良好的口感与风味。乳化剂、增稠剂、稳定剂、风味油、单体香油混合在一起，就变成另一类食品添加剂——起云剂。早些年的台湾起云剂风波，惹事的不是起云剂，而是冒名顶替的增塑剂。

乳化剂被加在饮料中。自家榨的豆浆不用添加乳化剂，是因为豆浆里的脂肪还没来得及分离出来就已经被喝掉了。而饮料如豆奶和花生奶不加乳化剂，样子就会很难看。大豆和花生含有丰富的脂肪，脂肪不溶于水，若长时间放置，油类物质就会漂浮到水上面。豆奶或花生奶的饮料瓶口有一圈乳白色油状物，就是这个缘故。

加了乳化剂，饮料颜值高，口感细腻、可口

乳化剂被加在面制品中。除了可以让油和水均匀分散并与面粉混合均匀，乳化剂还可以防止焙烤制品中的淀粉老化。所谓淀粉老化，就是面包掉渣现象。老化的淀粉不易被肠道消化吸收。

乳化剂被加在肉制品中。回想一下自家灌的香肠，如果切开后内部松散，就是因为缺少乳化剂，里面的配料不能很好地混合。在香肠这类肉制品中添加乳化剂，不仅能够使配料均匀混合，防止肉中的脂肪离析，还能够提高肉制品的保水性和嫩度，改善肉制品的组织形态，增加弹性，减少粘连，方便切片。

酶制剂

《食品添加剂使用标准》这样给酶制剂下定义：由动物或植物的可食或非可食部分直接提取，或者由传统或通过基因修饰的微生物（包括但不限于细菌、放线菌、真菌菌种）发酵、提取制得，用于食品加工，具有特殊催化功能的生物制品，主要用于加速食品加工过程和提高食品质量。我国允许使用木瓜蛋白酶、α－淀粉酶制剂、精制果胶酶、β－葡聚糖酶等酶制剂。酶制剂必须来源于指定的生物，才能用于食品工业。

有哪些食品生产领域要用到酶制剂呢？各种糖醇类物质、酒，还有方便面的生产，都需要用到酶制剂。酒的生产需要液化和糖化，这两个过程需要有淀粉酶和糖化酶的参与才能进行。在方便面的生产过程中，需要酶制剂改善面团的物理特性，如拉伸性、延展性、韧性等，才能保证食品拥有良好的质量。还有一些肉制品，生产时需要加入可以代替增稠剂的酶制剂，如谷氨酰胺转氨酶，它能催化蛋白质多肽发生分子内和分子间的共价交联，把碎肉重新合成一个整体，从而改善蛋白质的结构和功能，增加肉的乳化稳定性、热稳定性、保水性及凝胶能力等，最后达到改善肉制品风味、口感、质地的效果。

酶制剂嫩肉粉又称"嫩肉晶"，其主要作用是利用蛋白酶对肉中的弹性蛋白和胶原蛋白进行部分水解，使肉制品口感达到嫩而不韧、味美鲜香的效果，提高蛋白质转化率和利用率，增加食品的营养价值，目前已被广泛应用于餐饮行业。嫩肉粉的主要成分为蛋白酶，常用的是木瓜蛋白酶。

酶制剂安全吗？答案是肯定的。因为酶是一种蛋白质，经过消化道就被水解成氨基酸了。

增味剂

鲜味是不同于酸、甜、苦、咸的一种基本味，鲜味不影响其他味觉刺激，还能增强其他味觉的风味特性，从而增加食品的可口性。从汉字的结构来看，有"鱼"有"羊"谓之"鲜"，说明在我国古代，人们已经知道鱼类和动物肉类具有鲜美的味道。食品中的肉类、鱼类、贝类、香菇、酱油等具有独特的鲜美滋味，是由不同的鲜味物质呈现的。比如，味精含有80%以上的谷氨酸钠，竹笋、酱油中含有天门冬氨酸，贝类含有琥珀酸，鸡、鱼、肉汤中含有5'-肌苷酸，香菇中含5'-鸟苷酸等。

增味剂是补充或增强食品原有风味的物质。增味剂可能本身并没有鲜味，却能增加食物的天然鲜味。我国允许使用的增味剂有甘氨酸、L-丙氨酸、琥珀酸二钠、辣椒油树脂、5'-呈味核苷酸二钠、5'-肌苷酸二钠、5'-鸟苷酸二钠和谷氨酸钠等。

面粉处理剂

正是食客们对色泽、口感的挑剔，造就了一大批"改良剂"，如面粉增白剂、面粉增筋剂等。面粉处理剂是促进面粉熟化和提高面粉质量的物质。我国允许使用的面粉处理剂有碳酸钙、碳酸镁、L-半胱氨酸盐酸盐、抗坏血酸。

被膜剂

在某些食品表面涂一层薄膜，不仅能使其外观明亮、美观，而且可以延长保存期。这些涂抹于食品外表，起保质、保鲜、上光、防止水分蒸发等作用的物质被称为"被膜剂"。水果表面涂一层薄膜，可以抑制水分蒸发，防止微生物侵入，并形成气调层，延长水果保鲜时间。有些糖果如巧克力，表面涂膜后，不仅外观光亮，还可以防止粘连，保持质量稳定。我国允许使用的被膜剂有紫胶、硬脂酸、白油（液体石蜡）、吗啉脂肪酸盐果蜡、巴西棕榈蜡、蜂蜡、聚丙烯酸钠、聚二甲基硅氧烷、聚乙二醇、聚乙烯醇、松香季戊四醇酯、普鲁兰多糖、脱乙酰甲壳素（壳聚糖）等，主要用于水果、蔬菜、糖果、鸡蛋等食品的保鲜。巴西棕榈蜡用于巧克力、糖果中，紫胶用于巧克力、威化饼干中，食品级白油在面包脱模、发酵及软糖、鸡蛋保鲜中使用，吗啉脂肪酸盐果蜡、松香季戊四醇酯等用于果蔬保鲜。

水分保持剂

熟肉制品中为什么要添加复合磷酸盐？因为复合磷酸盐是水分保持剂。水分保持剂是有助于保持食品水分的物质，通过保水、保湿、黏结、填充、增塑、稠化、增容、改变流变性等来改良食品品质。比如，它可减少肉禽制品中原汁流失，增加持水性，改善食品风味，提高成品率；可防止鱼类冷藏时蛋白质变性，保持嫩度，减少冻融损失，增加方便食品的复水性。我国允许使用的水分保持剂多为磷酸盐类，用在肉类和水产品加工中。

营养强化剂

营养强化剂是为增强营养成分而加入食品中的天然的或人工合成的属于天然营养素范围的物质。比如，高钙饼干、高铁酱油里的营养强化剂，提高了食品本身的营养价值。原卫生部于2012年3月发布了《食品安全国家标准 食品营养强化剂使用标准》（GB 14880-2012），对营养强化剂的允许使用品种、使用范围、使用量、可使用的营养素化合物来源等进行了强制性规定。该标准于2013年1月1日起正式施行。

营养强化剂不仅能提高食品的营养质量，而且可以提高食品的感官质量和改善其保存性能。随着社会的进步和生活水平的提高，这类物质在提高公众营养水平上发挥着越来越重要的作用。

防腐剂

在各类食品添加剂中，防腐剂可以说是被误解最深、妖魔化最厉害的一个品种。由于专业知识的缺乏和某些媒体的误导，一些消费者动辄把防腐剂与"毒"画等号，把防腐剂当作主要的食品安全隐患。少了防腐剂，食品就真的安全了吗？有这样一幅漫画，两个老太太在医院里输液，一个问另一个："你怎么了？"对方郁闷地回答："几天前我买了一瓶标有'不含防腐剂'的胡萝卜汁，当天没喝完，就放在冰箱里。谁知道昨天晚上继续喝完后，肚子很痛，就来医院了。"一听此言，这个老太太也很不解地说："我就爱吃地里新摘的生菜，昨天不知怎么了，吃完就进医院了。"所以说，没有防腐剂，某些食品即便放到冰箱里或开水里，也是不安全的。那些极耐低温或高温的微生物未被杀死，造成食品腐败变质，甚至可能引起食物中毒。有了防腐剂，能有效解决食品在加工、储存、运输等过程中因微生物污染而变质的难题，从而使食品更加安全。防腐剂应在食品微生物数量较少的时候添加，它不能使已经腐败变质的食品恢复新鲜状态。

我要把你们通通都干掉

细菌

细菌

防腐剂是防止食品腐败变质、延长食品储存期的物质。一般认为，防腐剂对微生物的作用在于抑制代谢，使微生物的生长减慢和停止。我国允许使用的防腐剂有苯甲酸（及其钠盐）、山梨酸（及其钾盐）、脱氢醋酸、丙酸等30余种。防腐剂按来源可分为化学合成防腐剂和天然防腐剂。化学合成防腐剂主要包括苯甲酸、山梨酸等，超量使用会对人体造成一定危害。国家标准严格规定了防腐剂在各类食品中的最大使用量。天然防腐剂通常是从动植物和微生物的代谢产物中提取的，如乳酸链球菌素是从乳酸链球菌的代谢产物中提取得到的一种多肽物质，可以在体内降解为各种氨基酸，安全性高。

目前国内食品生产企业最常用的两种防腐剂有苯甲酸钠和山梨酸钾。这两种防腐剂对人体有没有危害呢？只要在规定剂量和规定范围内使用，它们不会对人体造成伤害。因为苯甲酸钠进入人体后，10~14个小时就会全部从体内排出，不会因在人体内蓄积而产生毒性。山梨酸钾里的山梨酸是一种不饱和脂肪酸，进入人体后很快被人体代谢，产生二氧化碳和水，因此也不会在人体内残留，没有致癌和致畸作用。

储存好已经生产的东西，比耗费能源和资源去生产更多的东西，能给我们带来更大的效益。

稳定剂和凝固剂

稳定剂和凝固剂在我国的使用历史悠久，早在2000多年前西汉时期就有人用盐卤点制豆腐，这种方法沿用至今。稳定剂和凝固剂是使食品结构稳定或使食品组织结构不变，增强黏性固形物的物质。常见的有各种钙盐，如氯化钙、乳酸钙、柠檬酸钙等。在果蔬生产中，稳定剂和凝固剂可以使可溶性果胶成为凝胶状不溶性果胶酸钙，以保持果蔬加工制品的脆度和硬度。在豆腐制作中，则用盐卤、硫酸钙、葡萄糖酸-δ-内酯等蛋白凝固剂以达到固化目的，使豆腐的机械化和连续化生产更加方便。在泡菜制作中，加入稳定剂和凝固剂可使酸黄瓜更脆、更硬。

甜味剂

甜味剂大家都不陌生，所以《食品添加剂使用标准》中对它的定义也最为简洁明了：赋予食品甜味的物质。甜味剂能满足人们的口味嗜好，增加食品的可口性。甜味剂是世界各国使用最多的一类食品添加剂，在食品工业中占有十分重要的地位。我国允许使用的甜味剂有甜菊糖苷、糖精钠、甜蜜素、阿斯巴甜、安赛蜜、甘草酸盐、木糖醇、麦芽糖醇等20种。

甜味剂按其来源可分为天然甜味剂和人工合成甜味剂。人们平时吃的蔗糖、葡萄糖、果糖和果葡糖浆，都属于天然甜味剂，但它们一般被视作食品原料，不作为食品添加剂使用。最近，人们又开发出一种叫"低聚糖"的甜味剂，如低聚果糖、低聚异麦芽糖等，它们不仅属于甜味剂，还有特殊的生理活性。

另外，还有一种甜味剂极易被人们误解，那就是蛋白糖，如果你觉得它跟蛋白质有什么关系，就大错特错了。它不含蛋白质，而是由安赛蜜、阿斯巴甜、糖精等复配而成的复合甜味剂，主要用途是增加产品的甜度和口感。

木糖醇等代糖提供甜味，能防龋齿、防肥胖

增稠剂

增稠剂是可以提高食品的黏稠度或形成凝胶，从而改变食品的物理性状，赋予食品黏润、适宜的口感，并兼有乳化、稳定或使之呈悬浮状态作用的物质。通俗地说，增稠剂就是指能溶于水并在一定条件下能充分水化而形成黏稠、滑腻状态或胶冻状的大分子物质，因此又被称作"食品胶"。

对比一下"粒粒橙"（即带果肉橙汁饮料）和珍珠奶茶这两种饮料，不难发现，粒粒橙从外观上看起来要比珍珠奶茶好看，因为粒粒橙的果肉粒均匀分布其中，摆动时上下起伏，动感十足；而珍珠奶茶的珍珠通常都沉在饮料杯底，毫无生机。造成这种差别的主要原因，就是加没加增稠剂。生产厂家在制作粒粒橙的时候，为了达到"粒粒"的效果，先将橘子或橙子里的砂囊分离出来，分散成粒，让它们在饮料中悬浮起来。但问题来了：果粒比水重，如何悬浮呢？这时增稠剂就派上大用场了，在饮料水中添加一定量的增稠剂，可以增加水的黏度，对沉在其中的果粒起到托举作用。凭借增稠剂的帮助，果粒就能轻松地均匀分布在饮料中了。

还有家家厨房必备的酱油，它在拌凉菜时如何能够均匀地涂抹在蔬菜的表面？往往也需要增稠剂来帮忙。因此在购买酱油的时候，黏稠度和光泽度也要作为重要的选择标准。

增稠剂会被用在哪些食品中？市售的乳饮料、植物蛋白饮料（豆奶、椰奶、花生奶等）都含有增稠剂。很多老酸奶中会添加淀粉、琼脂或羧甲基纤维素钠等增稠剂，目的是防止酸奶中的乳清析出，并改善口感。增稠剂也被放在肉制品中，主要种类有卡拉胶、魔芋胶、阿拉伯胶、槐豆胶和瓜尔胶等，它们又被称为"肉胶"。一般情况下，在肉制品中使用0.1%～0.6%的增稠剂，就可以起到改善产品结构、增加持水性及改善弹性和切片性的作用。

我国目前批准使用59种增稠剂，最常见的是变性淀粉和胶类物质。很多增稠剂来自天然食物，属于膳食纤维，对人体无害。

食品用香料

食品用香料是能够用于调配食品香精，并使食品增香的物质。我国允许使用的天然香料有388种，合成香料有1504种。它们被广泛应用于食品生产的各个领域，可以改善食品质量，弥补食品的风味缺陷，增强食品的色、香、味，提高人们的生活质量，同时促进食品工业的快速发展。目前，食品用香料主要应用于以下领域。

糖果：糖果的生产为热加工，原料的香味损失大，需要添加香料来弥补香味的缺失。

饮料：添加香料不仅可以补充加工损失的鲜味，维持和稳定饮料产品的自然口味，而且可以覆盖产品的不良口味，从而提升产品品质。

调味料：食品用香料被广泛应用在肉制品、膨化食品、饼干类、方便食品调味料中。在生产调味料的过程中，由于受不同原料或化学反应的不同温度和控制条件的影响，产品的特征风味不明显，即缺少头香，而适当添加香料可以弥补此缺陷。

乳制品：食品用香料主要用于制造酸乳酪、乳酸菌饮料和人造黄油，使产品具有独特的风味，满足人们不同的口味需求。

烘焙食品：烘焙食品尤其是饼干使用香料最为常见，香料不仅可以掩盖某些原料的不良气味，而且可以烘托饼干的香味，增进食欲。

肉制品：肉制品最常使用的是香辛料、肉味香料和其他香料，它们具有去除、掩盖生肉的腥膻味，赋予和增进肉制品风味的作用。

食品工业用加工助剂

《食品添加剂使用标准》中这样定义食品工业用加工助剂：有助于食品加工能顺利进行的各种物质，与食品本身无关，如助滤、澄清、吸附、脱模、脱色、脱皮、提取溶剂等。简单地说，就是帮助食品加工过程顺利进行，但在最终的食品中不允许残留的物质。

举个例子，南方人喜欢吃的酒酿或醪糟，在家里制作很简单，只需把甜甜的汁液倒出来就行，但是对于大批量生产醪糟的生产企业来说，用这种方法就不行了，只有用过滤的方式才能去渣。可要是过滤太慢，必然影响生产效率。于是企业就加入一种叫"硅藻土"的助滤剂以加快过滤速度，在过滤完成时把助滤剂和残渣一起当作生产废物进行处理，不会在滤液中残留助滤剂。

其他

上述功能类别中不能涵盖的其他功能，如添加在可乐型碳酸饮料中的咖啡因，就属于此类。

八、方便面里的食品添加剂

2013年，央视网发出的一条微博引发网友关注。该微博被其他新闻网站转发时，起了个"惊悚"的标题——《别吃方便面，有毒》。其主要内容为：方便面、乳饮料、薯片、冰淇淋、饼干等食品中所含的添加剂最多。一包方便面最多可有25种食品添加剂！事实上，方便面含添加剂不是什么秘密，但多到"有毒"的程度，这让不少网友心惊胆战。

来看看方便面中允许使用哪些食品添加剂吧。

方便面中允许使用的食品添加剂种类及作用

序　号	名　称	类　别	作　用
1	茶多酚		
2	甘草抗氧物		
3	丁基羟基茴香醚		
4	二丁基羟基甲苯	抗氧化剂	● 防止油脂酸败，延长保质期
5	抗坏血酸棕榈酸酯		
6	没食子酸丙酯		
7	特丁基对苯二酚		
8	叶黄素		
9	核黄素		
10	红花黄		
11	红曲红		
12	姜黄		
13	姜黄素	着色剂	● 使面饼呈现嫩黄色、橙红色
14	辣椒红		
15	栀子黄		
16	栀子蓝		
17	胭脂虫红		
18	胭脂树橙		

序 号	名 称	类 别	作 用
19	海藻酸丙二醇酯	增稠剂、乳化剂、稳定剂	• 缩短揉面时间 • 减少加水量 • 减轻面坯轧辊所需的压力，不出现或少出现断片情况 • 使面条泡熟后，表面光滑、不粘连、不变形，具有优越的成膜性能，可大大降低方便面含油量
20	聚甘油脂肪酸酯		
21	决明胶	增稠剂	
22	磷酸化二淀粉磷酸酯		
23	沙蒿胶		
24	羧甲基淀粉钠		
25	田菁胶		
26	辛烯基琥珀酸铝淀粉		
27	可得然胶	稳定剂、增稠剂、凝固剂	• 加工后的即食面爽而不油腻，增加面条韧性，水煮不混汤 • 防止淀粉分子游离到炸面的食油中，延缓油的酸败
28	可溶性大豆多糖	增稠剂、凝固剂、被膜剂、抗结剂	
29	磷酸氢二钠	水分保持剂、膨松剂、酸度调节剂、稳定剂、凝固剂、抗结剂	• 增加面筋筋力，使面条耐煮 • 提高面条表面光洁度，使面条光滑、白嫩、细腻
30	磷酸二氢钙		
31	六偏磷酸钠		
32	乳酸链球菌素（用于湿面制品中）	防腐剂	• 延长保质期
33	蔗糖脂肪酸酯	乳化剂	• 防止面粉与加工机械黏附或面条互相粘连，减少断条率

注：表中未列出允许用于制作各种食品的食品添加剂种类，如味精、糖

对于消费者来说，不必过多担心使用食品添加剂，而应该通过舆论和监管者来督促企业合理使用添加剂。消费者要做的是：第一，选择正规厂家的食品，从正规的超市、平台购买食品，这是最基本的保障；第二，使自己的食谱丰富起来，丰富的品种不仅可以使营养素摄入更全面，而且可以摊薄食品安全风险；第三，学会看营养标签，了解均衡营养的知识，通过合理的膳食搭配实现保持健康的目的。

第 5 章

你不知道的食品包装和
食品容器

食品包装是现代食品工业的最后一道工序，已经成为食品不可分割的重要组成部分。食品安全离不开食品包装和食品容器安全。

正规食品包装
保障食品安全

一、塑料瓶上的数字秘密

如果你留意观察，就会发现塑料瓶底部有一个小三角形图案，三角形内有数字。这个数字非常有用，它标明了塑料瓶的材料种类。不同的塑料有不同的使用范围和方法。

1号塑料PET，学名"聚对苯二甲酸乙二醇酯"，简称"聚酯塑料"。生活中它极为常见，饮料瓶、食用油瓶几乎都采用这种塑料。PET的突出特点是透明度高，耐水也耐油，就是不耐热，耐热温度仅为80℃。用矿泉水瓶装热水，瓶子不仅会变形，而且会溶出有害物质。因此它只适合装冷饮或暖饮，而且不宜循环使用。

建议用完就丢，不要再用来装水或其他液体。

2号塑料HDPE，学名"高密度聚乙烯"，在盥洗室最容易找到它的身影。很多大饮料瓶会使用这种塑料。HDPE的特征是高强度、不怕摔且半透明、不透光，乳制品偏好用这种塑料。这种塑料耐水、耐油、耐热（耐热温度为110℃），特别耐酸、耐碱、耐腐蚀，因此适应范围很广。HDPE较硬，可以做出很多复杂的造型。若清洁不彻底，它容易变成细菌的温床。

3号塑料PVC，学名"聚氯乙烯"，因为它含有氯，所以是七大塑料中唯一不推荐接触食品的塑料，也是七大塑料中唯一必须使用增塑剂的塑料。

从台湾起云剂风波到白酒增塑剂，增塑剂一直阴魂不散。普通百姓最关心的是增塑剂究竟有多强的毒性，对健康究竟有哪些潜在危害。己二酸二（2-乙基己基）酯（DEHA）和己二酸二辛酯（DOA）是我国食品包装材料中允许使用的添加剂，但其迁移到食品中的量不得超过18毫克/千克。DEHP化学名为"邻苯二甲酸二（2-乙基己基）酯"，又称"邻苯二甲酸二辛酯""酞酸二辛酯"，为邻苯二甲酸与2-乙基己醇生成的酯类化合物。正常情况下，DEHP被添加到PVC制品中，用以增加柔软度、延展性。

DEHP的急性毒性很弱，给大鼠腹腔注射2～7克DEHP才会致死，相当于每天炒菜用盐量。因此，DEHP一直作为合法添加剂被大量用在PVC制品之中。PVC制品被广泛应用于生产、生活当中，一般人多多少少都会接触到DEHP，并在体内有微量残留，但基本不会有毒性效应。正因为DEHP很难引发急性毒性，

编 码	材 料
1 PET	聚对苯二甲酸乙二醇酯
2 HDPE	高密度聚乙烯
3 PVC	聚氯乙烯
4 LDPE	低密度聚乙烯
5 PP	聚丙烯
6 PS	聚苯乙烯
7 PC	聚碳酸酯及其他类

台湾的一些黑心生产商才敢用它作为棕榈油的廉价替代品，掺在食品添加剂中。

就增塑剂来说，基于目前的科学认识，世界卫生组织和联合国粮食及农业组织食品添加剂联合专家委员会认为：从合格塑料中溶到食品中的增塑剂是"可以接受"的。实际上，装油脂和医疗用品的塑料容器中的增塑剂可能更值得关注。基于目前的评估，我们没有必要草木皆兵，生活在对增塑剂的恐慌之中。

食品安全小锦囊

- 尽量买正规厂家在正规卖场出售的产品。
- 塑料制品尽量不要用来盛放、储存油脂含量高的食品。"相似相溶"原理不仅针对增塑剂，其他有机物更容易被油脂溶出，这也不利于塑料制品本身的使用寿命。
- 塑料制品不能高温加热，除非特别标明"可用于微波炉"，或者标明可耐受的温度。

4号塑料LDPE，学名"低密度聚乙烯"，和2号塑料HDPE是亲兄弟，但本质上与2号塑料的结构不同，很少用于加工容器，主要用于制作保鲜膜、塑料袋等薄膜。LDPE的透明度高，但耐油性较差，耐热性不强，且在加热时易产生有害物质。因此加热被保鲜膜包裹的食物时，应先取下保鲜膜。

5号塑料PP，"明星"塑料聚丙烯。目前，市场上绝大多数微波炉专用塑料容器都是PP塑料，这是因为它的耐热性和化学稳定性较高。除了容器，还有软包装中的BOPP膜，就是香烟盒的最外层薄膜，以及新建小区推荐或强制使用的无规共聚聚丙烯（PPR）管，都是聚丙烯材料。聚丙烯工业是衡量一个国家产业水平的标准之一。需要特别注意的是，部分微波炉盒的盒体虽然是5号PP材料，但盒盖是由其他材料制造的，因此不能与盒体一起放进微波炉加热。安全起见，将容器放入微波炉前，最好先把盖子取下。PP对紫外线耐受力较差，生活中应尽可能避免阳光直射，家用的塑料盒子用久了应及时更换。

6号塑料PS，学名"聚苯乙烯"。曾几何时，6号塑料遍布全球各地。时至今日，6号塑料在食品工业中的地位下降很多，一般用于制作碗装方便面、快餐全家桶等外包装，以及一次性冷饮杯。PS不宜放进微波炉中，以免因温度过高而释出化学物质；避免用泡沫快餐盒打包滚烫的食物。

7号指聚碳酸酯（PC）及其他类。PC出身"高贵"，它不是通用塑料，而是工程塑料，用于制作太空杯、饮水机桶和奶瓶。PC的突出特点是强度高、摔不坏。PC曾因含有双酚A而备受争议。PC中残留的双酚A在高温时会释放出来，对人体有害。因此，不应该用PC水瓶盛热水。下列方法可降低PC带来的安全风险：使用PC制品时勿加热，勿在阳光下暴晒；不用洗碗机清洗；第一次使用前，用小苏打粉加温水清洗，在室温下自然晾干；如果容器有任何残缺或破损，建议不再使用，因为塑料制品表面如果有细微的坑纹，容易隐藏细菌；避免反复使用已经老化的塑料器具。安全起见，婴儿用的餐具尽可能不要选用PC制品。

二、保鲜膜的学问

与人一样，食品会进行新陈代谢，都有一个走向"衰老"的过程。果蔬会脱水，肉类会腐烂，加工食品会霉变。为了减缓食品的"衰老"进程，延长保质期，冷藏、真空、加热等技术被广泛应用。保鲜膜、保鲜袋是保鲜食品最简单、最常用的方法，因此超市的生鲜食品除托盘包装外，都会包裹一层保鲜膜。

由于保鲜膜有一定的透气性和不透湿性，将保鲜膜包裹在食品外面，一则可以调节食品周围的氧气和二氧化碳比例；二则可以保持托盘内水分含量，防止食品内的水分流失；三则可以阻隔空气中的灰尘，减少微生物污染，从而延长食品的保鲜期。正确使用保鲜膜的食品在常温下一般可保鲜一周左右。

正确使用保鲜膜，降低安全风险

保鲜膜的种类及特点

绝大部分保鲜膜都以乙烯母料为原材料。根据乙烯母料的种类，保鲜膜可分为聚乙烯（PE）、聚氯乙烯（PVC）、聚偏二氯乙烯（PVDC）和聚甲基戊烯（PMP）四类。

不同保鲜膜的特点

项　目	PE	PVC	PVDC	PMP
是否含氯	无	有	有	无
是否含增塑剂	无	35%~40%	微量	无
耐热温度	100~110℃	130℃	140℃	180℃
燃烧后是否产生二噁英	无	有	无，但有争议	无
用途	可包装肉食、熟食及高油脂食品等，可直接用微波炉加热	不可包装肉食、熟食及高油脂食品等，也不宜直接用微波炉加热。	可包装肉食、熟食及高油脂食品等，可直接用微波炉加热	可包装肉食、熟食及高油脂食品等，可直接用微波炉加热
成本	PMP>PVDC>PE> PVC			

注：微波炉加热温度在100~140℃，含油脂较多的煎、炸类食物，最高加热温度一般不会超过180℃

PE保鲜膜：主要用于食品包装，如水果、蔬菜、超市采购的半成品，目前我国市场上销售的家庭用食品保鲜膜大多采用PE保鲜膜。PE保鲜膜具有毒性较弱、价格便宜的优点，可以装肉食、熟食及高油脂食品等，也可以在微波炉中加热，但温度不宜超过110℃。

PVC保鲜膜：这是目前争议最大、安全性能较差的品种。尽管它成本较低，耐热度较PE保鲜膜高，但含有35%~40%的增塑剂，且会产生二噁英，不能加热，也不宜沾油。PVC保鲜膜只能有限使用。

PVDC保鲜膜：兼具卓越的阻隔水汽、氧气、气味的能力，是公认的阻隔性能最好的塑料包装材料。它能够阻止氧气透过保鲜膜造成食品氧化变质，被大量应用在火腿肠、奶酪、汤、零食等熟食包装领域。在欧美国家，PVDC保鲜膜主要用于包装新鲜牛肉产品，将牛肉产品的保质期延长至最长2个月的时间。在中国，PVDC保鲜膜主要用于包装新鲜猪肉，保鲜可达15天以上。PVDC保鲜膜可以在较高温度下使用。

PMP保鲜膜：具有耐高温、安全无毒、透明度高的特点，是唯一可耐180℃的保鲜膜。但是PMP保鲜膜的价格为PVC保鲜膜的4倍，尽管已经上市，但推广还是有一定难度的。

从使用角度看，保鲜膜可分为适用于冰箱保鲜的普通保鲜膜和既可用于冰箱保鲜、又可用于微波炉加热的微波炉保鲜膜。一般来说，保鲜膜的使用温度应在-40～120℃。目前我国市场上的普通保鲜膜以PE保鲜膜为主，微波炉保鲜膜以PVDC保鲜膜为主。

跟随国标选购保鲜膜

2022年5月1日起，国家标准《食品用塑料自粘保鲜膜质量通则》（GB/T 10457-2021）正式实施。

第一，依据新标准，食品用自粘保鲜膜指用于包装食品时，具有自粘性和食品保鲜或保洁功能的薄膜。按照加工工艺，保鲜膜可分为单层自粘保鲜膜和多层共挤自粘保鲜膜。单层保鲜膜的材质包括PE、PVC、PVDC、聚对苯二甲酸-己二酸丁二醇酯（PBAT）。

第二，保鲜膜包装上应明确标注产品名称、产品数量及规格（标称厚度、标称宽度、标称长度）、生产厂家、生产日期和有效使用期、产品材质、执行标准、"食品接触用""食品用"字样，以及"本产品使用温度不得超过××℃""不可用于微波炉加热""不宜直接包裹含油脂的食品""远离儿童，防止误食或玩耍导致窒息"等使用警示语或其他说明。非PVDC材质的保鲜膜应标注氧气透过量、二氧化碳透过量和透湿量的标称值。

第三，对质量含量1%以上的各类添加剂，应标注其具体名称或化学结式。PVC保鲜膜应标有使用警示语。

第四，如保鲜膜宣称可微波炉加热使用时，应标注"可微波炉使用"、加热方式及最高耐温温度。

正确使用保鲜膜，降低安全风险

第一，加热油脂含量较高的食物时，应取下保鲜膜，避免保鲜膜与食物直接接触。因为加热食物时，油脂温度很高，保鲜膜会粘在食物上，其中的化学物质会溶入食物中。因此熟食、热食、含油脂的食物，特别是肉类，尽量不用保鲜膜包装、储存。

第二，用微波炉加热食物时，选择耐热性较高的保鲜膜。

如何鉴别PE保鲜膜和PVC保鲜膜？以下四招助你识别保鲜膜。

● 外包装：生产厂家信息详细且标注PE或聚乙烯的保鲜膜可以放心使用；而标注PVC或没有标注的保鲜膜尽量不要选。

● 透明度：PE保鲜膜材质为白色，透明度差；而PVC保鲜膜透明度好。

● 手揉搓：PE保鲜膜黏性较差，容易搓开；而PVC保鲜膜黏性较好，用手不易搓展开。

● 用火烧：PE保鲜膜被点燃后，会迅速燃烧，不易熄灭，有滴油现象，无刺鼻味道；而PVC保鲜膜被点燃时会冒黑烟，气味刺鼻，火熄灭后有黑色杂质。

三、不锈钢餐具，请确认眼神

不锈钢是由铁铬合金掺入其他微量元素制成的。由于具有很好的力学性能和耐腐蚀性能，容易加工成型，而且比其他金属耐锈蚀，制成的器皿经久耐用，不锈钢逐渐进入广大家庭。现在，在厨房和餐桌上，随处可见不锈钢餐具，小到不锈钢筷子、不锈钢勺，大到不锈钢锅、不锈钢水槽。需要说明的是，不锈钢并不是指绝对不生锈，而是指它的抗酸、碱、盐等性能较强，如果使用不当，不锈钢仍然会出现锈迹。

家居用品不锈钢大致分为430（18-0）、304（18-8）、18-10、420（13-0）等种类。

430（18-0）不锈钢：指由铁和12%以上的铬制作而成的不锈钢，可以防止自然因素造成的氧化。但430不锈钢无法抵抗空气中化学物质造成的氧化，如果不常使用，搁置一段时间就会出现氧化生锈情况。

304（18-8）不锈钢：指由铁、18%的铬和8%的镍制作而成的不锈钢，可以抗化学性氧化，不易生锈。

18-10不锈钢：由于化学污染较严重的地方会出现连304不锈钢都生锈的情况，因此有的高级用品会用铁、18%的铬和10%的镍来制作，使其更耐用、更抗蚀，这种不锈钢被称为"18-10不锈钢"。有些餐具上有类似"采用18-10最先进医用不锈钢材质"的说法。

420（13-0）不锈钢：含铬13%，不含镍。420不锈钢是一种马氏体不锈钢，属于高碳等级，具有耐磨、抗腐蚀和高硬度等特点，可用来制造厨房刀具。

打破钢锅问到底

2012年2月16日晚，中央电视台《焦点访谈》栏目播出"打破钢锅问到底"，称通过哈尔滨市工商部门检测，苏泊尔81个规格共960件产品存在锰含量超标、镍含量不达标等问题。产品共涉及四大类，包括汤锅、奶锅、蒸锅和水壶，部分产品锰含量高出国家标准近4倍，引发了社会的广泛关注。苏泊尔钢锅为何要多加锰？不锈钢餐具安全性到底怎么样呢？

不锈钢由铁、铬、镍合金，再掺入钼、钛、钴和锰等微量元素制成，不锈钢之所以能不锈，就是因为有铬和镍的存在。目前国内很多厂家出于成本考虑，在不锈钢中降低了铬、镍含量而增加了锰的比例。锰主要起消磁作用，却不能起到耐腐蚀作用，降低铬、镍这两种成分的含量会降低防锈性能。

锰是一种常见的金属元素，广泛存在于自然界中，饮用水和大多数食物中都含有锰。同时，锰还是人体必需的微量元素之一，成人锰的适宜摄入量为每天4毫克，锰在抗氧化、调节代谢及其他生理功能中发挥重要作用。锰摄入不足会引起锰缺乏症，但锰过多又可造成中毒，主要伤害中枢神经系统，严重时会出现精神症状，医学上称之为"锰狂症"，进一步加重时可出现不可逆的类似帕金森病的症状。

虽然锰中毒对身体的危害很大，但锰中毒很少通过消化道引起。因此，使用不锈钢炊具造成锰中毒的可能性很小，毕竟从锅里摄入的锰是极少量的。

不锈钢餐具选购小建议

第一，在正规商场或超市选购不锈钢餐具。

第二，选购不锈钢餐具时应认真查看外包装上是否标注了所用的材质和钢号，同时注意生产厂家的厂名、厂址、电话、说明、容器的卫生标准等是否齐全。餐具上印有"13-0""18-0""18-8"三种代号的不锈钢餐具，代号前面的数字代表铬含量，材料中的铬使产品做到"不锈"；后面的数字则代表镍含量，从性能上讲，镍含量越高，耐腐蚀性越好。

第三，不能简单地以磁性来判断不锈钢餐具的质量优劣。用于生产餐具的不锈钢主要有奥氏体不锈钢和马氏体不锈钢两种。碗、盘等一般采用奥氏体不锈钢生产，奥氏体不锈钢没有磁性；刀、叉等一般采用马氏体不锈钢生产，马氏体不锈钢有磁性。另外，锰含量较高的不锈钢餐具也没有磁性。

第四，相同条件下，选择重量较重的不锈钢餐具。

不锈钢餐具使用小贴士

- 不宜长时间盛放盐、酱油、菜汤等，也不宜盛放酸性果汁。因为这些食物中含有电解质，长时间存放，能与餐具中的金属元素起复杂的电化学反应，使金属元素溶出。

- 不宜与铝质餐具搭配使用。一方面，二者硬度不同，合用时后者易受损变形；另一方面，铝和铁是两种化学活性不同的金属，当它们以食物中某成分（如盐、酸等）作为电解液时，铝和铁就能形成一个"化学电池"，使更多的铝离子进入食物中，危害健康。

不锈钢餐具长时间存放果汁等，金属元素可溶出

● 不宜用强碱和强氧化剂洗涤，如碱水、苏打粉和漂白粉等。这些强电解质同样会与餐具中的某些成分起电化学反应，从而侵蚀不锈钢餐具，溶出有害金属元素。

● 不宜空烧或大火烧煮食物。因为不锈钢导热系数小，底部散热慢，如火力过大，可使底部烧焦、结块，缩短使用寿命。

● 保持不锈钢餐具清洁、干爽，特别是盛放酸性或碱性物质后，要尽快洗干净。

四、陶瓷、搪瓷和玻璃餐具的安全须知

自古以来，陶瓷餐具就是我国的传统餐具，其造型优美、流畅，色彩丰富，图案美观，具有深厚的文化底蕴。玻璃是一种古老的包装材料，3000多年前古埃及人首先制造出玻璃容器，从此玻璃成为食品的包装材料。

陶瓷是以黏土为主要原料，经过粉碎混炼、成型和煅烧制得的以硅酸盐为主体的物品，可制成各种锅具，如陶瓷锅、陶瓷罐等传统的煮、盛装器皿，还可制成茶具、碗、盘、杯、碟、勺、筷等。搪瓷是在金属表面涂覆一层或数层瓷釉烧成的，常见的有搪瓷炒锅等。玻璃是硅酸盐、金属氧化物等的熔融物，是一种惰性材料。陶瓷、搪瓷和玻璃餐具具有不生锈、不腐蚀、不吸水、表面坚硬光滑、易于洗涤、保护食品风味等优点。陶瓷含铅是其几千年的制作工艺始终都无法避免的问题。铅溶出量超标是陶瓷、搪瓷餐具的普遍问题。

陶瓷、搪瓷餐具中的铅溶出主要来自餐具的贴画饰物。由于铅的折光系数高，贴画饰物中加铅可以使餐具更加流光溢彩。一些小企业为降低成本，使用铅及镉含量高、性能不稳定的廉价装饰材料，或者抢工图快，随意缩短烤花时间、降低烤花温度，导致铅溶出量超标。一些企业为了提高产量，装窑过密，导致铅不易挥发。另外，装饰面积过大，烤花温度不够，或者工艺处理不当，同样会引

起陶瓷、搪瓷餐具铅溶出量超标。

某些高档玻璃容器（如高脚酒杯）往往要添加铅化合物，一般含量高达30%以上，这是玻璃器皿最突出的安全问题。有色玻璃容器中含有某些金属离子，可能溶出到盛装的食品中。

陶瓷、搪瓷餐具选购和使用小贴士

- 在正规商场或超市选购陶瓷、搪瓷餐具。

不要选择色彩非常鲜艳及内壁带彩饰的餐具

- 尽量选用食物接触面无彩饰的陶瓷、搪瓷餐具，或者装饰面积小的或釉下彩、釉中彩陶瓷餐具。不要选择色彩非常鲜艳及内壁带彩饰的餐具。釉下彩餐具的花面装饰在釉下，其上覆盖了一层"安全膜"；釉中彩餐具的花纸在1250℃高温下快速烧成，不需要使用含铅、镉等强降温性熔剂的原料，而且在烧制过程中，彩料因自身重量会渗到釉面下一定深度。质量不佳的釉上彩很容易通过目测和手摸来识别：凡花面不及釉面光亮、手感欠平滑甚至花面边缘有凸起感的餐具要慎购。

- 如有条件可选购价格较贵的无铅陶瓷餐具。

- 新的陶瓷、搪瓷餐具和高档玻璃容器最好在食醋里浸泡2~3小时，白瓷用白醋浸泡。

- 不用彩色陶瓷、搪瓷容器盛装果汁、醋、酒等食品。

- 带有金属边的陶瓷、搪瓷餐具不要放进微波炉中使用。彩瓷也尽量不要放进微波炉中加热。

五、食品包装"纸时代"

塑料包装造成的"白色污染"问题已经严重危害环境。近年来，随着人们环保意识的提高，食品用纸逐渐成为包装材料的主角。纸制食品包装具有容易回收利用、方便印刷各种图案和宣传广告、价格低廉、贮存运输方便、易于造型、不污染内容物等优点。

纸制品中可能携带有害物质

食品包装用纸指用于包装、盛放食品的纸制品，以及在食品生产、流通、使用过程中直接接触食品的纸容器、纸餐具等制品，主要有茶叶滤纸、鸡皮纸、食品羊皮纸、玻璃纸、食品包装纸板、包装纸袋、包装纸罐、纸杯、纸餐具、纸盒等。

我国没有专门生产食品包装用纸的造纸厂，食品包装用纸可能携带有毒有害物质。

荧光增白剂

荧光增白剂是一种特殊的白色染料，能吸收不可见的紫外线，将其变成可见光，增加纸张的视觉白度，提高纸张的品质。因此，目前大部分纸张制作时都会加入荧光增白剂。某些企业使用含有荧光增白剂的废纸生产食品包装用纸，这种纸包装食品时，荧光增白剂会渗入食品中，对人体造成危害。2012年8月，国际食品包装协会在广东召开了食品包装产品质量情况调查发布会，发布的一次性纸制品相关调查报告指出，一些大众熟知的方便面，外桶印刷部分的荧光性物质面积超过了国家标准。

重金属

纸质包装材料中残留的重金属元素主要来源于印刷油墨。另外，造纸用的植物纤维有可能在生长过程中吸收环境中的重金属，如铅、镉、汞、钡、砷、铬等。同时，纸质包装材料在回收或自然降解的过程中，其含有的有害重金属会重新进入环境。

有机氯化物

加拿大科学家曾在用纸杯装的牛奶中检测出二噁英，二噁英的浓度远远超出美国食品安全标准。食品包装用纸中的二噁英主要来自由含氯漂白剂漂白的纸张。过去人们喜欢用旧报纸包裹食品，但旧报纸上的油墨中含有多氯联苯，可引起慢性中毒。

印刷油墨

有鲜艳色彩图案的食品包装，能吸引更多的消费者。部分油墨中含有有毒有害化学物质，包括重金属、有机挥发物、残留溶剂等，一旦从油墨迁移渗透到食品中，就会危害人体健康。目前的食品包装印刷油墨，由于苯溶性氯化聚丙烯油墨的印刷适性较好，且印后加工性能较好，干燥也快，因此应用最广泛。但是这种油墨也有很多缺点，如残留溶剂的苯含量偏高，氯化聚丙烯的热稳定性很差，容易产生酸性物质腐蚀包装等。

远离油墨小贴士

- 阅读报纸、杂志时脸不要离报纸、杂志太近，避免印刷油墨从口入。
- 不要一边看报纸一边吃东西。
- 接触油墨印刷包装袋后要及时洗手。
- 在快餐店用餐时，不要把番茄酱、薯条等食物放在广告纸上，以免油墨直接接触食品。

一次性纸杯，你用对没？

一次性纸杯的分类

根据用途，一次性纸杯可分为冷饮杯、热饮杯和冰淇淋杯、酸奶（乳）杯、盛装固体食品杯五种。根据纸杯表面的涂层，也可分为涂蜡杯、直壁双层杯和聚乙烯涂膜杯三种。纸杯的杯身材质为食品级木浆纸，涂蜡杯表面涂有一层用来隔水的蜡；聚乙烯涂膜杯则是在杯壁覆盖聚乙烯薄层；直壁双层杯的杯壁有两层纸，纸之间是空气，隔热性能好。冷饮杯可以冷冻或冷藏，安全使用温度为

0～5℃。冷饮杯的表面要经过喷蜡或浸蜡处理，因为冷饮料会使纸杯表面积水软化，涂上蜡后便可防水。蜡在0～5℃非常稳定和安全。如果装热饮，纸杯需再加一层乳液，直壁双层杯用的就是这种涂层。因为双层杯隔温性好，所以常用作热饮杯和冰淇淋杯。有的热饮杯表面会贴一层特殊聚乙烯薄膜，这样做不仅耐热性好，而且高温下浸泡也安全无害。聚乙烯涂膜杯的优点是冷饮和热饮都能够"应付自如"，而且杯面更光滑，方便印刷精美的图案，所以这种纸杯备受快餐行业青睐。聚乙烯本身无毒无味，但若选料不好或加工工艺不过关，在长时间受热的情况下，它可能氧化为羰基化合物。羰基化合物在常温下不易挥发，但在纸杯倒入热水时它有可能挥发出来，有时候闻到纸杯有怪味就是这个原因。

涂蜡杯所用的是食品级石蜡，《食品安全国家标准 食品添加剂 石蜡》（GB 1886.26-2016）根据石蜡熔点进行分类，有52号、54号到66号等8种。52号石蜡要求熔点不低于52℃，不高于54℃；54号石蜡要求熔点不低于54℃，不高于56℃，以此类推。如果用冷饮杯盛装热饮，饮料温度超过66℃，石蜡就会熔化，水会渗过杯身，使纸杯变软，甚至漏水。合格纸杯用的是食品级石蜡，即便不小心喝进了肚子里，也不必担心，微量石蜡不会对身体造成危害。用冷饮杯盛装热水的真正危险在于，石蜡熔化后纸杯失去防水性，很容易被热水穿透，进而烫伤使用者。冷饮杯和热饮杯必须"各司其职"，一旦"错位"，就可能威胁到使用者的安全。

纸杯国标

2023年2月1日起，国家标准《纸杯》（GB/T 27590-2022）正式实施。一次性纸杯应做到杯口处无印刷图案，不人为添加荧光增白剂。

"杯口距杯身15毫米内不应印刷图案"是对消费者的保护。目前国内没有食品专用油墨，喝水时嘴唇接触杯口，可能会摄入印刷图案里的油墨，对健康不利，尤其是含苯油墨。

纸杯应存放在通风、阴凉、干燥及无污染的地方，存放期从生产日期起一般不要超过2年。

其实挑选纸杯和买食品一样，要看清楚纸杯包装上面有没有生产商信息、生产日期。不要贪图便宜而购买无品牌的纸杯。另外，还要看清楚包装上注明的适用范围，正规的一次性纸杯会注明适用温度。如果买的是冷饮杯，就千万别用来盛装热水，以免漏水烫伤。大型快餐连锁店的纸杯可以放心使用。

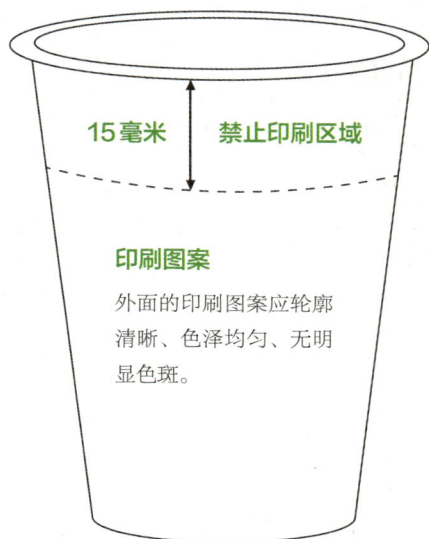

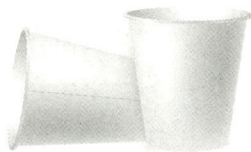

15毫米 **禁止印刷区域**

印刷图案

外面的印刷图案应轮廓清晰、色泽均匀、无明显色斑。

挺度和渗透性

底部和侧面均不应漏水、渗水，不能太软。所有包装材料要有足够的密封性和牢固性，应防尘、防潮或防霉。

原材料

不应有异味，不应使用回收材料，荧光增白剂、工业石蜡、工业滑石粉等不在 GB 9685-2016 范围内的添加剂不能用于生产加工纸杯。

第几杯水可以喝？

关于一次性纸杯，微博上曾流传过若干小建议："使用一次性纸杯时，第一杯水最好不要喝。""用一次性纸杯前先用热水烫四五分钟，就能充分去除其中的有害物质。"后者影响颇为广泛，一些正规报刊都在推荐这个"小技巧"。

用热水烫，仅仅5分钟就能除掉纸杯内的有害物质吗？

如果纸杯内真的有致病菌，那么100℃的水泡5分钟确实可以杀灭一般细菌的繁殖体，不过这在日常使用中不可能实现。而对于铅、砷及荧光性物质，用热水泡五分钟作用甚微。不合格的纸杯，致病菌的数量和其他有害物质的量更是不可估量。选用合格的纸杯才是上策。如果是合格的纸杯，第一杯水但喝无妨；如果是不合格的纸杯，第几杯水都不要喝。

不过，即便是合格的纸杯，如果开封后很久没用，其上的微生物也会超标。

这种情况下，最保险的方法是把旧纸杯扔掉，去买新的吧。

第几杯水可以喝

第 6 章

转基因食品，是"上帝的禁果"
还是"砸中牛顿的苹果"？

在人类饮食史上，转基因食品的历史最短，却引发了目前为止最大的争议。虽然转基因食品出现才短短20余年，但每当有它的消息传来，总会引起广泛关注。支持转基因技术的人将其视作解决粮食危机的"砸中牛顿的苹果"；对转基因技术心存疑虑的人则认为它是隐藏着未知灾难的"上帝的禁果"。

130

一、转基因食品追根溯源

俗话说：种瓜得瓜，种豆得豆。这是自然界普遍存在的遗传现象，这种子代与亲代相似的遗传现象是由基因决定的。基因具有"不变"与"变"两个特点，所谓"不变"是指能够忠实地复制亲代，以保持生物的基本特征；而"变"是指在存在选择压力或特殊条件的情况下，通过基因重组或变异，个体与父辈相比会产生一定的变化，可以让生物更好地适应生存环境的变化。

转基因是指科学家利用工程技术将一种生物的一个或几个基因转移到另外一种生物体内，从而让后一种生物获得新的性状。比如，将抗虫基因转入棉花、水稻或玉米中，将其培育成对棉铃虫、卷叶螟及玉米螟等昆虫具有抗性的转基因棉花、水稻或玉米。苏云金杆菌（Bt）能产生特殊蛋白质，对螟虫具有天然的杀伤作用，将其抑菌基因分离出来导入棉花、玉米、大豆等，可发挥特有的抗虫作用。

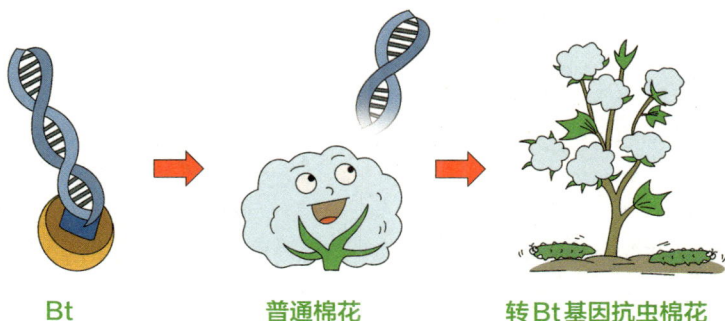

Bt　　　　　普通棉花　　　　　转Bt基因抗虫棉花

这种技术在国际上叫"基因改良""基因修饰""基因工程"等，我国译成了"转基因"。人们对转基因最初的误解是"吃了转基因食品会被转基因"。食物中含有成千上万个基因，"转"进去的这一个或几个基因跟食物本身的成千上万个基因一样，在胃里很快会被消化掉，根本没有任何机会去"动"人类的基因。

转基因食品是指以转基因生物为原料制作加工而成的食品，按原料的来源可分为植物源转基因食品、动物源转基因食品和微生物源转基因食品。

其实，基因交换、转移和改变是自然界的正常现象。正是因为基因改变，物种才能够不断具有新的性状，进一步发展，才会产生新的物种，才能形成自然界绚丽多姿的生物多样性，我们的世界才能如此丰富多彩。

1946年，科学家首次发现脱氧核糖核酸（DNA）可以在生物间转运。

1953年，克里克和沃森发现了DNA双螺旋结构，开创了分子生物学时代。

1971年，史密斯等人从细菌中分离出一种能够切开病毒DNA分子的"分子剪刀"——限制性核酸内切酶，标志着DNA重组时代的开始。人为的转基因实验最早在细菌实验中获得成功。1973年，美国分子生物学家科恩等人成功地制造出转基因大肠杆菌，他们转入的是两个抗药性基因，转基因大肠杆菌如预期一样具备了抵抗抗生素的能力。这一技术很快成熟并工业化。1978年，利用转基因技术重组了世界上第一种用于制造人胰岛素（一种小分子蛋白质）的大肠杆菌，重组人胰岛素于1982年进入市场，大大降低了胰岛素的价格。目前，通过这种方式生产的蛋白质类药物近百种，还有数百种正在进行安全性评价。不过，习惯上人们并不把细菌的基因修饰技术叫作"转基因"。

1983年，世界上第一例转基因植物——含有抗生素类抗体的烟草在美国被培植成功。当时有人惊叹，人类开始有了一双创造新生物的"上帝之手"。随后，"转基因"一词逐渐成为人们关注的焦点。同年，转基因矮牵牛和转基因向日葵也被研制成功。

1992年，中国首先在大田种植转基因抗黄瓜花叶病毒烟草，成为世界上第一个商业化种植转基因作物的国家。

1994年，美国FDA批准世界上第一种转基因食品——转基因晚熟番茄上市销售。此后，抗虫棉花和玉米、抗除草剂大豆和油菜等10余种转基因植物获准商业化生产并上市销售。

2000年，黄金大米的诞生，让科学家看到了转基因食品在营养学上的应用。

2019年8月26日，国际农业生物技术应用服务组织（ISAAA）发布的《2018年全球转基因/基因改造作物商业化状况报告》称：2018年全球共有70个国家种植或进口了转基因作物，其中，26个国家（21个发展中国家和5个发达国家）共种植了1.917亿公顷转基因作物，比2017年的种植面积增加了190万公顷，比1996年的170万公顷增长了113倍。报告显示，全球第一大转基因作物种植国是美国，约占全球种植面积的四成。其他排名前十的国家分别是巴西、阿根廷、加拿大、印度、巴拉圭、巴基斯坦、中国、南非、玻利维亚。

2017年，除了四大转基因作物——玉米、大豆、棉花和油菜，苜蓿、甜菜、木瓜、南瓜、茄子、土豆和苹果的转基因作物均已上市，为全球消费者提供了更多选择。而根据公共研究机构进行的转基因作物调查，包括各种具有经济重要性和营养价值性状的作物，如水稻、香蕉、土豆、小麦、鹰嘴豆、木豆、芥菜、木薯、豇豆、红薯，让发展中国家的粮食生产者和消费者受益。通过转基因，这些作物分别具备了抗病毒、抗虫、抗除草剂等不同的优良性能，如转基因青椒、转基因烟草（抗病毒）、转基因玉米、转基因棉花（可抗鳞翅目昆虫，如玉米螟和棉铃虫）、转基因大豆（可抗除草剂），等等。这些转基因作物大大减少了农药的使用，有利于环境安全和种植者健康，也节省了人力；同时，因为减少了病虫害损失，提高了单位面积产量，从而降低了产品价格，有利于市场竞争。

相比之下，转基因动物的研究不如转基因植物顺利，成熟的转基因动物品种极少，第一种批准商业化生产的转基因动物是2003年在中国台湾和美国上市的能发荧光的斑马鱼（作为宠物饲养）。到目前为止，还没有任何供食用的转基因动物品种被批准上市。

中国转基因作物种植面积近400万公顷，绝大部分是转基因抗虫棉。转基因作物主要有11种，即大豆、玉米、棉花、油菜、西葫芦、木瓜、苜蓿、甜菜、番茄、青椒和毛白杨。此外，烟草、土豆、矮牵牛、康乃馨等亦有种植。

二、转基因作物如何造福人类？

转基因育种与杂交育种、诱变育种并没有本质区别。科学家在实践中发现，育种领域的很多问题通过传统育种技术难以得到有效解决，但通过转基因手段却能够解决。比如，转基因技术能将微生物中的抗虫基因转入植物，实现基因的跨界转移。由于生殖隔离的存在，基本上不存在跨科杂交，杂交在不同种、不同属之间很难进行，通常只能在同一物种的不同亚种之间完成杂交，我们无法期望通过杂交让作物获取微生物中的抗虫基因。与杂交育种相比，转基因技术可以拓宽遗传资源的利用范围，实现跨物种的基因发掘、利用，为新品种培育提供一条新途径。

转基因技术不论是对农业生产，还是对生态环境都大有裨益。比如，抗虫技术能够减少农药使用，降低农药喷施过程中的人畜中毒发生率；耐除草剂技术能够帮助实现免耕（不用翻地）、大规模生产、无人机植保等高技术的运用，从而节省耕作时间，降低生产成本，改变耕作模式，提高作物品质，减少产量损失，保护生态环境。1996—2015年，种植转基因抗虫和耐除草剂作物给美国农民带来了至少1500亿美元的收益，这些收益源于产量的增加和生产成本的降低，同时，农药用量减少了5.84亿千克（活性成分）。

此外，转基因技术还能帮助作物抗病、抗旱、改善营养品质等。具有耐储存、抗腐败、风味好或品质优等特点的转基因作物，优点突出。

从消费者角度看，转基因技术同样能带来福音。比如，用抗虫作物生产的食品比同类普通食品更健康。普通玉米被虫咬后容易滋生霉菌，霉菌会产生具有致癌性的代谢产物；而转基因抗虫玉米因为具有抗虫特性，不容易滋生霉菌。

2014年，美国批准了一种转基因土豆的种植。传统土豆在炸薯条的过程中会产生对人体有害的致癌物丙烯酰胺，而新品种转基因土豆可以把产生的丙烯酰胺量降低到原来的1/10，使这种有害物质大大减少。

转基因食品显著的经济与社会效益是其发展的主要动力，其潜力不可估量。这也正是转基因食品逐步被世界各国接受和支持的原因。

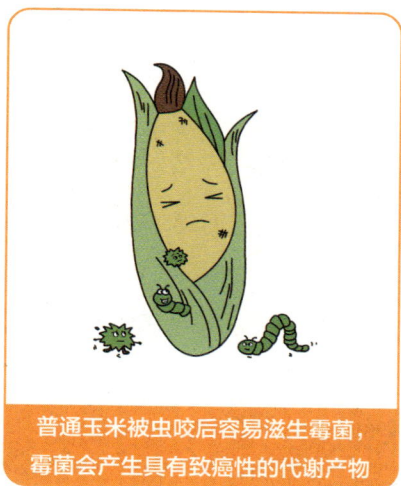

普通玉米被虫咬后容易滋生霉菌，霉菌会产生具有致癌性的代谢产物

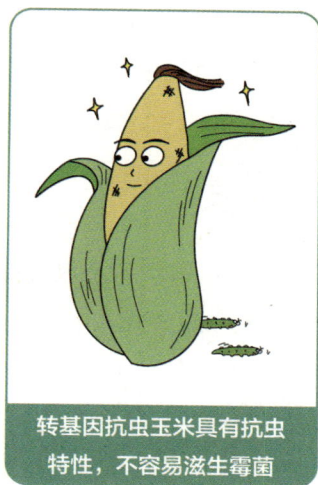

转基因抗虫玉米具有抗虫特性，不容易滋生霉菌

三、转基因作物的是是非非

　　针对转基因作物优势与危害的宣传大战从未停止。即使是最早的针对细菌的基因修饰技术，它在问世之初也引发了很多争议。用转基因技术生产的较为廉价的药物对于一些疾病（如1型糖尿病）的治疗有立竿见影的效果，而且细菌繁殖被严格限制在生产设备之中，泄露到外界的可能性很低，因此很快为公众所接受。相比之下，针对转基因作物的争议却始终不断，屡屡成为公众的关注热点。支持者将其看作喂饱世界的利器，反对者将其视为多余且潜藏着隐患的技术，由此引发了公众对于转基因作物的极高关注。很多人对转基因作物心存顾虑。

关于转基因的科学争议

　　与转基因作物有关的争议可以分成科学争议和社会争议两类。科学争议主要集中在两个方面：一是食品安全问题，二是环境安全问题。

　　在食品安全方面，反对转基因作物的理由是转基因食品含有损害人体的成分。

这些理由包括：转入的外源基因及其制造的蛋白质可能对人体有害；转入的外源基因可能和作物本身的基因相互作用，产生对人体有害的其他物质；这种有害性可能是一个长期积累的过程，人类十几年的食用历史不足以证明其无害，等等。

转基因作物支持者对上述质疑的回应可归纳如下。

第一，转入的外源基因是以DNA分子的形式存在的，而所有的DNA分子都具有相似的化学构型，也就具有相似的生物学特性，转基因作物的DNA并不比其他作物的DNA对人体更有害。至于外源基因制造的蛋白质，多数都是无害的。如抗虫基因制造的抗虫蛋白虽然对鳞翅目昆虫有毒，但对其他昆虫就无效，对人类更无毒性。那种"虫都不吃，人怎么能吃"的论调是站不住脚的。

第二，对于已经发现存在不安全因素的蛋白质，可以禁止将其基因作为外源基因。1996年，有研究人员发现，巴西坚果中的一种蛋白质可能是过敏原，美国先锋公司立即停止了将制造这种蛋白质的基因转入大豆（目的是提高其营养价值）的实验。另外，通过一定的技术手段，可以使转入的基因制造的蛋白质不出现在作物的食用部位中。如中国研发的第三代转基因抗虫水稻的抗虫基因只在茎叶中发挥作用，在种子的胚乳（大米）中几乎不发挥作用。不制造抗虫蛋白，也就规避了抗虫蛋白可能对人体存在的危害。

第三，在转基因食品上市之前，都要先分析其化学成分，确认其中不含有害健康的物质；以防万一，还要用实验动物做极为严格的食品安全性评价实验。因此，凡是批准上市的转基因食品，其安全性是可以放心的。

第四，反对者对转基因作物在食品安全方面的指责理由，同样可以用来指责传统育种育出的品种。如杂交育种同样会把野生生物的未知基因带入作物新品种中，产生危害健康的食品成分，但杂交的作物品种却并未像转基因作物品种那样经受严格的检验，人们对此也并不恐慌。至于指责转基因食品的常用理由"现在没危害，不代表将来没危害"，实际上可以指责一切食品。

在环境安全方面，反对转基因作物的理由，主要是大田种植转基因作物会造成生态灾难。

转基因支持者的回应如下。

第一，理论上，抗虫作物有可能危害其他无害的野生生物，如和玉米螟、棉铃虫同属鳞翅目的许多种蝴蝶。但实际上是否如此，必须通过野外实验确定。

1999年，美国的一位昆虫学家在实验室中发现抗虫玉米花粉可以毒死帝王蝶的幼虫。但其他科学家发现，在野外，帝王蝶的幼虫并不吃玉米花粉，而且玉米花粉大而重，在空气中扩散不远，离玉米田稍远的地方很少有玉米花粉散落，因此抗虫玉米花粉毒死帝王蝶的事情在野外是很难发生的。

第二，理论上，转基因作物有可能通过杂交等方式把转入的基因再转给其他植物。如果转给杂草，就会造成"超级杂草"的出现，但这也是个极小概率事件。到目前为止，还没有一例声称的"超级杂草"事件得到确认，经验证都是夸大其词甚至谣言。2001年，美国生态学家在墨西哥的普通玉米品种中发现了一段转基因DNA序列，认为这意味着普通玉米遭到了抗虫玉米基因的污染。但经过调查，这一序列实际上为玉米所固有，只是被误判为转基因序列而已。

第三，理论上，转基因作物的基因有可能污染该种作物的野生近缘种，导致野生遗传资源损失。但只要不在野生近缘种的分布区种植转基因作物，如不在野生稻的分布区种植转基因水稻，这种情况就不会发生。

第四，转基因作物的最大生态问题是会使害虫等产生抗性，从而降低抗虫效果，最终达不到减少农药使用的目的。但这个问题可以通过多种技术手段解决。比如，在转基因抗虫作物的田间套种不抗虫的普通品种，就可以"稀释"害虫的抗性基因，使具有抗性的害虫的出现频率大为降低。此外，抗虫基因也是在不断被发现的，即使已有的抗虫基因完全失效，还可以转入其他的抗虫基因。事实上，传统育种育出的抗虫品种也存在类似问题，不管用什么方式育种，作物品种总是要不断更新的。

综上所述，在科学家看来，转基因作物虽然并不十全十美，不可能一劳永逸地解决病虫害、杂草之类困扰人类农业近万年的问题，但它的确具有传统作物品种所不具有的很多优势。从目前育种的实际情况来看，说它代表了作物育种在未来的主要发展方向，并不是理想，而是现实。

十大"转基因安全事件"

1. 巴西坚果与转基因大豆事件。美国先锋种子公司将巴西坚果中编码"2S albumin"的蛋白质基因转入大豆中，提高了转基因大豆中的含硫氨基酸含量。1994年，该公司对该转基因大豆进行食用安全评价时，发现对巴西坚果过敏的人同样会对这种大豆过敏。因此认为，蛋白质"2S albumin"可能正是主要过敏原，于是该公司立即终止了这项研究计划。但此事后来一度被说成"转基因大豆引起食物过敏"，作为反对转基因技术的一个主要事例。

实际上，巴西坚果事件是研发单位在开展食用安全评价时发现过敏并及时停止的，这种转基因大豆根本没有上市。该事件恰恰说明研究者对转基因植物的安全管理和生物育种技术体系具有自我检查和自我调控的能力，能有效地防止转基因食品成为过敏原。

2. 普斯泰土豆事件。1998年，据苏格兰Rowett研究所的科学家阿帕得·普斯泰称，他在实验中用转雪花莲凝集素基因的土豆喂食大鼠，导致大鼠"体重和器官重量严重减轻，免疫系统受到破坏"。

1999年5月，英国皇家学会的评审报告指出，普斯泰的实验存在失误和缺陷，主要包含实验设计不科学、实验过程错误百出、实验结果无法重复，因此其结果和相应的结论不可信。该学会认为，普斯泰在尚未完成实验且没有发表数据的情况下，就通过媒体向公众传播其结论是非常不负责任的。

3. 美国帝王蝶事件。1999年5月，康奈尔大学昆虫学教授洛希撰文称，他用拌有转Bt基因抗虫玉米花粉的马利筋杂草叶片饲喂帝王蝶幼虫，发现这些幼虫生长缓慢，而且死亡率高达44%。洛希认为这一结果表明转基因抗虫作物会对非目标昆虫产生威胁。

美国环境保护署（EPA）组织昆虫专家对帝王蝶问题展开专题研究。结论认为，该实验是在实验室完成的，并不反映田间情况，且没有提供花粉量数据。评价转基因作物对非目标昆虫的影响，应以田间实验为准，而不能仅仅依靠实验室数据。2001年10月，洛希研究组又在*PNAS*发表文章称：帝王蝶幼虫经转Bt基因抗虫玉米Bt11和Mon810花粉饲喂14～22天，对其存活的影响可以忽略不计。

所谓的"转基因安全事件"都缺乏科学依据，多为夸大

4. 墨西哥玉米事件。2001年11月，美国加利福尼亚大学伯克利分校的微生物生态学家大卫·查佩拉和大卫·奎斯特发表文章指出，在墨西哥南部地区采集的6个玉米品种样本中，发现了一段可启动基因转录的DNA序列——花椰菜花叶病毒

35S启动子，同时发现与诺华种子公司代号为"Bt11"的转基因抗虫玉米所含adh1基因相似的基因序列。绿色和平组织借此消息大肆渲染，说墨西哥玉米已经受到了基因污染，甚至指责墨西哥小麦玉米改良中心的基因库也可能受到了基因污染。

该文章发表后受到很多科学家的批评，指出其实验在方法学上有很多错误。经反复查证，文中所言测出的35S启动子为假阳性，并不能启动基因转录；文中所指的在墨西哥玉米品种中测出的adh1基因是玉米中本来就存在的adh1-F基因，与转Bt基因抗虫玉米中的adh1-S基因序列并不相同。2002年4月11日，*Nature*杂志刊文，批评该论文的结论是"对不可靠实验结果的错误解释"，并申明"该文所提供的证据不足以发表"。

5. 中国Bt抗虫棉事件。2003年6月3日，南京环境科学研究所与绿色和平组织在北京召开会议，发布《转Bt基因抗虫棉环境影响研究综合报告》，随后被很多媒体转载刊发，引发国际争论，成为国际上关于转基因抗虫棉安全性争议的重大事件之一。

国际上的评论认为，文章没有经过同行评审，没有说明研究方法，没有生物学统计数据，违反生物学的一般常识，只是按作者的个人意愿断章取义。多国科学家也纷纷发表评论反驳绿色和平组织的观点，认为抗虫棉不是无虫棉，抗虫棉中的Bt基因主要是针对鳞翅目的某些害虫，并不杀死所有害虫，包括盲蝽象、红蜘蛛及甜菜夜蛾。棉农只要采取适当的防治措施，如喷洒一般有机磷或菊酯类农药，这些害虫便可得到有效控制，根本谈不上"超级害虫"，更不能说抗虫棉破坏环境。

6. 法国转基因玉米事件。2007年，法国分子内分泌学家塞拉里尼及其同事对孟山都公司转基因玉米的原始实验数据进行统计分析，得出老鼠在食用转基因玉米后产生了一定程度的不良反应。2009年，该研究组再次把欧盟转引的孟山都公司的实验数据做了一个简单分析，就发表文章《3种转基因玉米品种对哺乳动物健康影响的比较》。文中指出，食用了90天转基因玉米（抗除草剂玉米NK603，抗虫玉米Mon810和Mon863）的老鼠，与食用转基因玉米不到90天的老鼠相比，其肝肾生化指标有差异，并把这种差异解释成是食用转基因玉米造成的。

欧盟食品安全局转基因生物小组对该论文进行了评审，认为该实验结果没有建立在亲自对老鼠进行独立实验的基础之上，文中进行统计分析的数据是借用孟山都公司之前的实验数据，而且选择不合适的、不被同行使用的统计方法重新分析数据，因此结果和结论都是不科学的。来自美国、德国、英国和加拿大的6位毒理学及统计学专家组成同行评议组，对塞拉里尼等人及孟山都公司的研究展开复审和评价，评价结果是：塞拉里尼等人对孟山都公司原始实验数据的重新分析，并没有产生有意义的新数据来证明转基因玉米在3个月的老鼠喂食研究中导致了不良结果。

7.《俄罗斯之声》转基因食品事件。2010年4月16日，俄罗斯广播电台《俄罗斯之声》栏目，以《俄罗斯宣称转基因食品是有害的》为题报道了一则新闻。新闻称，由该国基因安全协会和生态与环境问题研究所联合进行的实验证明，转基因植物对哺乳动物是有害的。新闻引用负责该实验的苏罗夫博士的话称，用转基因大豆喂养的仓鼠第二代生长和性成熟缓慢，第三代失去了生育能力。《俄罗斯之声》还称，俄罗斯科学家的结论与法国、澳大利亚科学家的结论一致。而且据此，法国立即禁止了其生产和销售。

经调查，苏罗夫博士所在的单位并没有任何研究简报或新闻表明苏罗夫博士曾写过这样的报道。《俄罗斯之声》报道的所谓研究成果也没有在任何学术期刊上发表过。至于新闻中提到法国禁止了转基因玉米的生产和销售，事实是法国政府并没有对转基因食品的生产和销售下禁令，而且欧盟于2004年5月19日已经决定允许进口转基因玉米在欧盟境内销售。

8. 中国广西迪卡007/008玉米事件。2010年2月，一篇题为《广西抽检男生一半精液异常，传言早已种植转基因玉米》、署名为张宏良的帖子在网络上传播甚广，引发了公众对转基因食品的恐慌。文章称，全世界所有国家传来的有关转基因食品的负面消息，都是小鼠食用后的不良反应，唯独中国传来的是大学生精液质量异常的报告。

2010年2月9日，孟山都公司在其官方网站公布了"关于迪卡007/008玉米传言的说明"。说明指出，迪卡007玉米是孟山都研发的传统常规杂交玉米，迪卡008是迪卡007玉米的升级品种，也是杂交玉米，而不是转基因作物品种。广西大学生精液异常之说，有明确出处，但和转基因作物没有任何关系。

9. 中国先玉335玉米事件。2010年9月21日，《国际先驱导报》发表调查文章称，山西、吉林等地老鼠变少、母猪流产等种种异常与这些动物吃过的食物——

先玉335玉米有关；同时称，先玉335玉米与转基因技术之间有着种种联系。

杜邦公司发表了声明："先玉335玉米不是转基因玉米。文章中对先玉335玉米的描述是错误的。在中国，有关转基因玉米的进口、试验与销售需要经过国家农业转基因生物安全委员会专家们的严格评审和农业部的审批。杜邦公司未经中国农业部批准，决不会把任何转基因材料释放到田间。"

10. 法国转基因玉米致癌事件。法国分子内分泌学家塞拉里尼及其同事发表文章称，用抗除草剂玉米NK603和被草甘膦除草剂Roundup污染的饲料喂养了实验鼠2年以上，在所有雌性实验鼠中，50%～80%长了肿瘤，而且平均每只长的肿瘤多达3个；而在对照组中，只有30%患病。在接受此实验的雄性实验鼠中，出现的主要健康问题包括肝脏受损、肾脏和皮肤肿瘤，以及消化系统疾病。

欧盟食品安全局对该研究进行了评估，彻底否定了转基因玉米有毒甚至致癌的研究结论。欧盟食品安全局认为，这个研究结论不仅缺乏数据支持，而且相关实验的设计和方法都存在严重漏洞。法国国家农业科学研究院（INRA）院长弗朗索瓦·霍利尔在 *Nature* 发表文章指出，这一研究缺乏足够的统计学数据，其实验方法、数据分析和结论都存在缺陷，应对转基因作物进行更多公开的风险-收益分析，开展更多的跨学科转基因作物研究，尤其着重研究其对动物和人体的长期影响。

为进一步促进公众科学认识、理性对待转基因技术，国际权威组织先后就转基因问题进行表态，认为目前在国际市场上可获得的转基因食品已通过安全性评估，没有发现确凿证据表明目前商业种植的转基因作物与传统方法培育的作物之间存在健康风险差异。

四、转基因食品，让我如何"明白"你？

世界各国出于各自的国家利益、经济利益和文化传统，对转基因食品安全的管理模式和管理目标不尽相同。美国是世界上最大的转基因作物种植国和出口国，在巨大的经济利益的驱动下，美国对转基因食品的管理相对宽松，希望为生产开发转基因食品的生物技术公司创造良好的法律环境，保持生物技术的领先优势，扩大出口，赚取巨大的经济利益。欧盟在转基因技术方面落后于美国，而且商业化进程缓慢，对美国的农产品贸易一直存在逆差。在生物技术发展和市场化期间，欧洲发生了一系列的食品安全事件，虽然这些事件与转基因食品没有关系，但是仍使得欧洲民众对转基因食品非常不信任。因此，欧盟采取了一系列限制转基因食品进口的措施来保护其经济利益。由于耕地面积少而人口相对密集，日本一方面支持转基因食品发展，以期提高作物产量，另一方面又对转基因食品的安全性质疑。因此，日本在监管转基因食品安全时游走于宽松与严格之间，期望在两者之间寻找一个平衡点。

截至2023年，我国允许种植的转基因植物主要是棉花、玉米、大豆和木瓜。转基因棉花种植面积最大。转基因玉米的种植面积在不断增长，预计到2025年，转基因玉米种植面积将突破5000万亩，进入"亿亩时代"。我国批准进口用作加工原料的转基因作物有大豆、玉米、油菜、棉花、甜菜。

各国转基因食品的管理尺度不同

我国对转基因生物的管理起步较早。1993年12月,《基因工程安全管理办法》发布,主要从技术角度对转基因生物进行宏观调控。1996年7月,《农业生物基因工程安全管理实施办法(修正)》颁布,从保护我国农业遗传资源、农业生物工程产业和农业生产安全三个角度对转基因生物的实验研究、中间试验、环境释放和商业化生产进行管理。2000年7月8日通过的《中华人民共和国种子法》对转基因植物作出规定,包括转基因植物品种的选育、试验、审定和推广应进行安全性评价,应采取严格的安全性控制措施,销售转基因植物品种种子必须用明显方字标注,并应提示使用的安全控制措施等。

2001年5月23日,国务院公布《农业转基因生物安全管理条例》。

2002年,原农业部公布3个配套细则:《农业转基因生物进口安全管理办法》《农业转基因生物标识管理办法》《农业转基因生物安全评价管理办法》,从实验研究、中间试验、环境释放、商业化生产等方面进行全面管理。

原卫生部2002年制定《转基因食品卫生管理办法》,规定转基因食品安全性和营养质量评价采用风险评价、实质等同、个案处理原则。这些管理制度得到了较好的贯彻落实,标识做到了应标尽标。

对转基因生物进行标注,是为了满足消费者的知情权和选择权。世界各国的转基因标识管理主要分为四类:

一是自愿标识。采用国家有加拿大、阿根廷等。加拿大《转基因和非转基因食品自愿标识和广告标准》规定,准许食品标签和广告词涉及使用或未使用转基因的信息,一旦在标签上声称非转基因,就代表转基因和非转基因食品意外混杂的水平在5%以下。

144

二是定量全面强制标识，即对所有产品只要其转基因成分含量超过阈值就必须标注。世界上大部分国家和地区采用此方案，如欧盟各国、巴西等。

1997年，欧盟通过258/97号条例，要求在欧盟范围内对所有转基因生物进行强制性标识管理，并设立了对转基因食品进行标注的最低含量阈值，转基因成分超过0.9%必须标注。

巴西规定转基因成分超过1%必须标注。

三是定量部分强制标识，即对特定类别产品只要其转基因成分含量超过阈值就必须标注。采用国家有美国、日本等。

美国《国家生物工程食品信息披露标准》要求从2020年1月1日起，苜蓿、苹果、油菜、玉米等13种转基因成分在5%以上的食品，必须以适当方式标注转基因信息。精加工食品由于难以检测其中的转基因成分则自愿披露。

日本规定对豆腐、玉米类食品、纳豆等24种由大豆或玉米制成的食品进行转基因标注，设定阈值为5%。

由于实行定量标识的国家都设定了阈值，而通常食品中转基因成分很难达到这个值，因此可以不标注。在这些国家的市场上很难发现有标识的转基因食品。

四是定性按目录强制标识，即凡是列入目录的产品，只要含有转基因成分，或者是由转基因作物加工而成的，必须标注。目前，我国是唯一采用此种标识方法的国家，也是对转基因生物标注最多的国家。凡是列入《农业转基因生物标识管理办法》标识目录，在中华人民共和国境内销售的大豆、玉米、油菜、棉花、番茄5类17种转基因作物，都属于定性按目录强制标识，其他转基因作物可采用自愿标识。

标识的标注方法如下。

第一，转基因动植物（含种子、种畜禽、水产苗种）和微生物，转基因动植物、微生物产品，含有转基因动植物、微生物或其产品成分的种子、种畜禽、水产苗种、农药、兽药、肥料和添加剂等产品，直接标注为"转基因××"。

第二，转基因农产品的直接加工品，标注为"转基因××加工品（制成品）"或"加工原料为转基因××"。

第三，用农业转基因生物或用含有农业转基因生物成分的产品加工制成的产品，但最终销售产品中已不再含有或检测不出转基因成分的产品，标注为"本产品为转基因××加工制成，但本产品中已不再含有转基因成分"，或者标注为"本产品加工原料中有转基因××，但本产品中已不再含有转基因成分"。

有特殊销售范围要求的农业转基因生物，还应当明确标注销售的范围，可标注为"仅限于××销售（生产、加工、使用）"。

非转基因标识不是想标就标的。2018年，《国家市场监督管理总局 农业农村部 国家卫生健康委员会关于加强食用植物油标识管理的公告》发布，规定转基因食用植物油应当按照规定在标签、说明书上显著标注。对我国未批准进口用作加工原料且未批准在国内商业化种植，市场上并不存在该种转基因作物及其加工品的，食用植物油标签、说明书不得标注"非转基因"字样。比如，原料为非转基因大豆的大豆油，可在成分表中标注"非转基因"；花生油不能标注"非转基因"，因为我国未批准进口转基因花生用作加工原料，而且未批准其在国内商业化种植，市场上并不存在转基因花生油。

五、转基因食品流言

流言1：美国、欧盟和日本都不吃转基因食品

美国、欧洲和日本都消费转基因食品。

美国是转基因技术的研发大国，也是全球最大的转基因作物生产和消费国之一。目前，美国已经批准了22种转基因作物的商业化，其中包括广泛种植的玉米、大豆、棉花和甜菜等作物。根据数据统计，近年来，美国每年种植的转基因作物约11亿亩，占据其耕地面积的40%以上。转基因大豆和转基因玉米的普及率分别达到95%和93%。此外，FDA还批准了转基因番茄用作食品。尽管美国是全球最大的转基因作物生产国之一，但他们并不依赖出口。约有50%的美国大豆和80%以上的玉米在美国国内消费而非出口。转基因食品在美国日常消费中占很大比例，据美国杂货商协会（GMA）统计，美国75%~80%的食品都含有转基因成分。尽管存在一些反对声音，大多数美国人充分信任FDA等食品安全监管机构，这使得转基因食品能够被广泛接受并摆上餐桌。

在欧洲，欧盟每年进口大量转基因农产品，主要包括大豆、玉米、油菜和甜菜及其加工品。根据统计数据，2021年，欧盟进口的转基因大豆约为1500万吨，占进口总量的90%左右；进口的转基因玉米超过300万吨，占进口总量的30%左右。此外，欧盟还批准了17项转基因农产品用作食品和饲料。欧盟对转基因农产品有严格的监管制度，但并不等同于禁止。如果转基因农产品通过了审批程序并符合相关标准，欧盟仍然会允许其进口并在市场上销售。网上流传的所谓"欧洲禁止进口转基因食品"的言论并不属实。

日本虽然没有批准在国内进行转基因作物的商业种植，但市场上有大量经食品安全委员会审查后允许进口的转基因食品。日本厚生劳动省公布的数据显示，目前安全性已得到确认并允许在日本流通并贩卖的转基因作物包括大豆、玉米、土豆等。

2011—2017年美国转基因作物种植面积及全球占比

（万公顷） / （％）

年份	种植面积（万公顷）	全球占比（％）
2011年	6900	43.13
2012年	6950	40.81
2013年	7010	40.01
2014年	7310	40.28
2015年	7090	39.45
2016年	7290	39.38
2017年	7500	39.52

■ 美国转基因作物种植面积（万公顷）　—○— 全球占比（％）

流言2：圣女果、彩椒、小南瓜、小黄瓜都是转基因食品

目前，我国市场上的蔬菜、水果，无论其颜色、大小如何，都是传统育种方法得到的品种。

其实，天然植物本来就是形状多样的。人们通常看到的产品大小类似、颜色相同，只是因为农民普遍种植这个品种而已。人类驯化野生植物一般是为了提高产量，主要做法是增大果实，但随着人们对食品的需求变得多样，很多小型化的瓜果蔬菜出现了，如早春红玉西瓜等。小南瓜、小黄瓜等小型化品种都来源于它们带着祖先原始基因的种质资源，与转基因无关。小番茄也叫"圣女果""樱桃番茄"，是自古就有的番茄品种，因食用方便，其口味经过改良后逐渐流行。棉花、辣椒、玉米、水稻等有不同的颜色，是天然存在的遗传基因差异，并非转基因的结果。如彩色棉花自古就有，但它的纤维短、强度差，过去很少种植，而现在的消费者喜欢天然彩棉，农民就开始大面积种植了。彩椒也天然存在，只是过去未大面积种植，普通消费者很少见到罢了。

网传"转基因名单"不靠谱

我们都不是转基因食品！

流言3：水果、蔬菜不容易坏，就是转基因食品

南瓜或番茄能放1周，这不是稀罕事。蔬菜、水果都有自己的保存条件，只要按条件储藏，就能久存。苹果可以在冷库里存放12个月之久，这和转基因没有丝毫关系，只不过是人们想办法让它进入了"冬眠"状态，降低了苹果的呼吸作用和衰老进程。即便不放在冷库里，很多蔬菜、水果都能在阴凉处存1周以上。西瓜在切开之前能放半个月以上，完整的洋葱、胡萝卜、没有熟透的番茄等在家里放1周也没问题。的确有转基因番茄不容易成熟，不过它可不是只能存放1周，而是它根本不会成熟，因为人们想办法关掉了它的成熟"开关"。转基因番茄一直保持青涩状态，除非外用催熟剂，它才能成熟。目前我国市场上销售的生鲜番茄中，还没有这种产品。转基因番茄的储藏期长是个优势。随着科技的发展，育种专家开发了非转基因的延熟番茄，导致转基因番茄在储藏方面的优势不再。因产量低、皮厚、口感差，转基因番茄直接被市场淘汰了。

彩椒

149

小南瓜

小黄瓜

圣女果

流言4：转基因大豆用水浸泡不会发芽，只会膨胀

无论是不是转基因大豆，都会发芽。

转基因大豆"农达"是孟山都公司的第一个转基因商品。被转入的基因是耐除草剂草甘膦基因。有了这个基因的大豆就可以不受除草剂草甘膦的影响，农民只需使用草甘膦，就可以在种植期间控制杂草，省去了锄草、犁地等诸多麻烦事。后来该公司还推出了具有抗虫能力的转Bt基因大豆和其他的转基因耐除草剂大豆。这些获准商业化生产的大豆都可以发芽。

那么，让种子不发芽的技术有没有？这个确实有。1998年，美国农业部和岱字棉公司曾经宣布他们发明了一项新的控制种子发芽的技术——将种子浸泡在四环素溶液后再行销售。农民用这些种子种植时一切照常，但是这些种子种出的植物再结出的种子都是不能再发芽的。也就是说，农民得到的种子都是一次性使用的。这项技术由此被形象地称为"终结者"技术。毫无疑问，对于种子公司来说，这样的技术是保证收入的法宝。著名科学记者丹尼尔·查尔斯在他的转基因作物著作《收获之神》中作过一个形象的比喻："'终结者'由一系列基因组成，这些基因充当了遗传开关的角色。在正常情况下，这些基因并不发挥作用，就像松开的捕鼠器，种子可以正常繁育。当用四环素溶液处理之后，种子中的'捕鼠器'就'吧嗒'一下扣上了，这些经过处理的种子可以开花结果，然而它们的后代就再也不能发芽了。"不过，"终结者"技术一被发明，争议就很大，所以直到今天，"终结者"技术都没有被实际应用。

同时，尽管我国每年进口大量的转基因大豆，但它们在我国的规定用途是制作饲料和榨油，市场上不会出现完整的转基因大豆。也就是说，凡是在国内种植的大豆都是非转基因大豆。

流言5：转基因土豆削皮后不变黑

土豆削皮或切开后变黑，最重要的参与者是氧化酶、多酚类物质和氧气。在完整的土豆细胞中，氧化酶和多酚类底物彼此远离，所以相安无事。削皮或切割时，土豆细胞被破坏，多酚类物质作为底物，和多酚氧化酶等酶类接触，在氧气

中被氧化成醌，醌的多聚化及它与其他物质的结合产生黑色或褐色的色素沉淀。这个反应叫"氧化褐变反应"。土豆氧化褐变反应的程度与土豆品种、种植储藏条件、切开后放置的温度和时间都有关系。培育不容易变黑的土豆，一直是土豆育种的一个重要方向。早在1995年，日本科学家就通过传统育种在最常见的土豆品种DANSHAKUIMO中培育出了一个不易褐变的突变品种White Baron。于是就没人去研究不易褐变的转基因土豆品种了。

全球范围内的确曾有两种转基因土豆被批准投入市场，但都与抗褐变无关，而且它们目前的种植面积也都接近于无了。1995年，商品名为"NewLeaf"的转Bt基因土豆获准开始在美国种植，它能够抵抗美国土豆最严重的病害之一——科罗拉多马铃薯叶甲虫，大大减少了高毒杀虫剂的使用。但是到了2000年初，随着欧洲的反转基因运动蔓延到了美国，购买NewLeaf土豆的大公司，如嘉宝、乐事和麦当劳都受到攻击，由此决定停止收购NewLeaf土豆。这导致NewLeaf土豆种植面积锐减。到2001年，生产NewLeaf土豆的公司决定停止销售NewLeaf系列。2010年3月，欧盟批准了德国公司培育的转基因土豆Amflora投入市场，这种土豆的基因改良令其只含有支链淀粉，而不含有直链淀粉，主要用作生产工业淀粉。在Amflora商业种植的第一年，欧洲出现了大规模的针对Amflora土豆的抗议，一些种植Amflora土豆的农田也遭到破坏。2011年，其种植面积就只剩德国的2公顷。2012年，培育Amflora土豆的德国公司决定停止在欧洲营销这种土豆，并且将其旗下的植物科学研究中心从德国转移到美国。

流言6：除大棚蔬菜外，其他反季节作物多是转基因作物

除通过大棚提高温度来生产反季节食品外，还有很大一部分反季节食品是通过异地生产运输来实现的，这和转基因技术没有关系。目前还没有通过转基因技术实现反季节生产的能力。

从农业生产的角度来说，应季的产品品质优于反季节产品。以番茄为例，大棚中长出的反季节番茄，其维生素C含量只有夏季露天种植产品的一半。刻意选育和栽培的早熟果实，其口味和营养价值通常不如自然晚熟的水果，但这种选育和栽培与转基因技术并没有关系。

从膳食营养的角度考虑，无论哪个季节，多吃蔬菜、水果，才是关键的健康问题。无数研究证实，蔬菜、水果的总摄入量越多，患癌症、心脏病的风险越低。冬天吃蔬菜、水果，总比不吃要好。

其实现在很多的反季节蔬菜、水果，并不一定是大棚的产品，其中也有来自异地甚至国外的产品，其营养价值未必低于本地的应季产品。

流言7：甜玉米甜度非常高，是转基因食品

市场上的甜玉米均为常规育种而成，并非转基因品种。

我们吃的玉米粒从结构上分为种皮、胚乳和胚芽3个部分，影响玉米甜度的关键在玉米的胚乳。玉米在成熟过程中通过光合作用产生葡萄糖，并把它们运输到胚乳，以淀粉的形式储存起来。淀粉本身甜度不高，普通玉米味道不甜、口感粉粉的，就是这个原因。

甜玉米的不同之处在于，它的胚乳中不仅含有淀粉，还有含量相对很高的水溶性多糖，这赋予其不同于普通玉米的甜味。究其原因，是在甜玉米控制淀粉合成的一系列基因中，有一个或几个基因发生了突变，切断了部分还原性糖向淀粉转化的过程。这点"小缺陷"反而促成了甜玉米可口的味道。

甜玉米并不是最近才有的新作物，它的真正起源时间虽然无法考究，但文献记载的最早的甜玉米品种是1779年欧洲殖民者从北美洲的易洛魁人那里收集到的Papoon玉米，据此可以肯定，甜玉米的出现时间还要更早。要知道，那时候压根没有转基因一说。现在的甜玉米品种虽然和几百年前的原始甜玉米不完全相同，但它同样不是转基因产物，而是在自发突变的甜玉米品种的基础之上，通过传统育种技术——选育自交系、组配杂交种的办法培育出的新的甜玉米品种。这些育种技术并没有涉及单个或少数几个结构和功能已知的目的基因的插入，也没有对基因进行修饰、敲除、屏蔽等改变（这些是我们常说的转基因技术手段）。通过这些方法培育出来的甜玉米都不是转基因玉米。

经过转基因技术改造，增强了抗虫、抗除草剂特性的甜玉米确实存在，在美国、加拿大、阿根廷等国家已经商业化种植，在对转基因食品更加审慎的欧盟也被允许用作食物和饲料。在美国，转基因甜玉米并不仅仅用作动物饲料，大多数

美国人并不排斥这种使用生物技术培育的食物。虽然转基因甜玉米被世界上很多国家接受，但是中国还没有批准这类转基因玉米的商业化种植，所以我们不可能随随便便就能买到转基因甜玉米。我国先后给转植酸酶基因玉米、抗虫玉米、抗虫耐除草剂玉米发放了农业转基因生物安全证书，但对转基因玉米的用途有严格的限制，仅允许加工用途（如饲料、工业加工原料），不能用于鲜食。

流言8：害虫很少的作物都是转基因作物

转基因作物也会遭虫害，防治害虫主要靠农药。

抗虫是目前主要的转基因作物性状之一，鳞翅目害虫是某些作物最主要的害虫，如棉花害虫棉铃虫，玉米害虫玉米螟，水稻害虫二化螟、三化螟、稻纵卷叶螟，等等。目前大规模种植的转基因抗虫作物转入的都是Bt基因。Bt蛋白是一种高度专一的杀虫蛋白，只能与棉铃虫等鳞翅目害虫肠道上皮细胞的特异性受体结合，引起害虫肠穿孔，导致其死亡。而其他昆虫、哺乳动物和人类肠道细胞没有Bt蛋白的结合位点，因此，它不会对其他昆虫和哺乳动物造成伤害，更不会影响人类健康。对于其他害虫如盲蝽象、红蜘蛛等，仍然需要农药防治。不能以害虫是否喜欢光顾来判断作物是否是转基因作物。

具有Bt蛋白的作物

不能杀死盲蝽象、红蜘蛛等其他害虫

Bt蛋白可以杀死棉铃虫等鳞翅目害虫

第 7 章

我的餐桌我做主——
科学选购食品

一、慧眼识标签

❶ 食品名称

消费者应该注意辨别名称相近的食品。如"牛奶"和"乳饮料"是营养价值完全不同的两种产品。

❸ 过敏原信息

有食物过敏史的消费者要特别注意食品配料表或食品标签上的过敏原信息标注：①含有麸质的谷物及其制品（如小麦、黑麦、大麦、燕麦、斯佩尔特小麦或它们的杂交品系）；②甲壳纲类动物及其制品（如虾、龙虾、蟹等）；③鱼类及其制品；④蛋类及其制品；⑤花生及其制品；⑥大豆及其制品（如大豆、豌豆、蚕豆等）；⑦乳及乳制品，包括乳糖；⑧坚果及其果仁类制品（如杏仁、核桃、榛子、腰果等）。

❷ 配料表

配料表中的各种原料是按照制造或加工食品时加入量的递减顺序一一排列的。如果加入量不超过2%，配料可不按递减顺序排列，但也必须标注具体名称。

❹ 生产日期、保质期和保存期

生产日期（制造日期）指食品成为最终产品的日期，包装或灌装日期也是生产日期。保质期指包装食品在标签注明的贮存条件下，保持品质的期限。即在正常贮存条件下，食品的最佳食用期限。超过保质期的食品，如果色、香、味没有改变，仍然可以食用，但不准销售。保存期可以理解为有效期。

❺ 生产者/经销者名称、地址和联系方式

食品包装上必须标注生产者/经销者名称、地址和联系方式等。

❻ 数量

同一容器中如含有几个相同食品时，在标注净含量的同时还必须标注食品的数量。

❼ 净含量、固形物含量

食品净含量应与食品名称标注在同一视野内。对糖水梨罐头或包冰的冷冻虾仁这类含有固、液两相的食品，除标注净含量外，还应当标注沥干物（固形物）的含量。

醇粹

纯牛奶
Milk

纯牛奶

产品名称：纯牛奶

配料：生牛乳

致敏原提示：含有牛奶。

贮存条件：常温密闭保存。开启前，无须冷藏；开启后，请立即饮用。

保质期：6个月
生产日期：见盒顶

产品标准代号：Q/01A1154S

生产者名称：xxx乳品有限公司
地址：xx省xx市xx区xx路x号
联系方式：xxx-5968xx
邮编：xxxxxx

食品生产许可证编号：
SC10212011xxxxx

| 产品内配：蛋黄纯白莲蓉月饼 | 90g/2 | 蛋黄纯红莲蓉月饼 | 90g/2 |
| 蛋黄果仁红豆沙月饼 | 90g/2 | 椰子月饼 | 50g/2 |

糖水梨®

生产日期：见罐底标识
贮存条件：常温保存
保质期：2年
生产商：XXXXX食品有限公司
地址：山东省潍坊市XXXXXX
产品标准号：XXXXXXXXXXX
生产许可证号：111111111111

净含量：425克
固形物含量：≥255克

营养标签

营养标签是包装食品的"身份证"，是向消费者传递食品营养性质的说明，内容包括营养成分表、营养声称和营养素功能声称。

营养素参考值（NRV）

表示100克或100毫升或一份食品所含营养成分占每天应摄入的百分比。比如，每100克食物蛋白质NRV%为15%，就是说吃100克这种食品基本满足一天15%的蛋白质需要量。

好吃牌高钙饼干

营养声称

营养成分表

项目	每100克	NRV%
能量	1823千焦	22%
蛋白质	1.2克	15%
脂肪	26.4克	44%
碳水化合物	70.6克	24%
钠	204毫克	10%
维生素A	126微克视黄醇当量	16%
钙	250毫克	31%

强制标识

自愿标识

营养素功能声称

钙是骨骼和牙齿的主要成分，并维持骨密度

其他标识标志

转基因食品

在我国境内销售、强制标识的有大豆、油菜、玉米、棉花、番茄共5类17种转基因作物。

辐照食品标志

经电离辐射线或电离能量处理过的食品或配料，应在食品名称附近或配料表标注为"辐照食品"。

进口食品标志

进口食品标签上应贴上有激光防伪的"CIQ"标志。"CIQ"是"中国检验检疫"的缩写，这是辨别"洋食品"真伪的最重要的手段。

农产品地理标志

标注农产品来源于特定地域，产品品质和相关特征主要取决于自然生态环境和历史人文因素，并以地域名称冠名的特有农产品标志，如库尔勒香梨、龙井茶等。

无公害农产品标志

农产品的产地环境、生产过程、产品质量符合国家有关标准和规范的要求，经认证合格获得证书。无公害农产品是食品的基本要求。

绿色食品标志

AA级

A级

证明食品具有安全、优质、营养类的品质特性，分为A级和AA级两种，其中A级绿色食品生产中允许限量使用化学合成的肥料、农药、兽药、饲料添加剂、食品添加剂等，AA级绿色食品则不能使用。

有机食品标志

来自有机农业生产体系，生产过程中不使用化学合成的肥料、农药、生长调节剂等物质，不采用转基因原料，并且通过有资质的有机认证机构认证的产品。

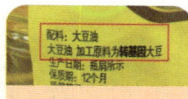

157

二、主食中的学问

买面粉，分清低筋、中筋与高筋

分 类	湿面筋	特 点	用 途
低筋面粉	≤24%	颜色较白，柔软，手抓易成团	蛋糕、饼干等口感蓬松、酥脆的糕点
中筋面粉	≥26%	颜色乳白，弹性适中，粉质半松散	馒头、包子、面条等一般面食
高筋面粉	≥30%	颜色较深，光滑，韧性好，有弹性，手抓不易成团	面包、饺子皮、起酥点心等

鉴别高筋面粉和低筋面粉的小窍门

抓一把面粉，用拳头攥紧捏成团，然后松手，轻轻掂量粉团，如果粉团很快散开，就是高筋面粉；如果粉团能保持不散，则是低筋面粉。

形形色色的面粉

全麦粉

真正意义上的全麦粉，是指出粉率100%的面粉，富含B族维生素和膳食纤维，有益健康。全麦面包使用的全麦面包粉通常是在面粉里加20%左右的麸皮。

自发粉

在中筋面粉中加入泡打粉制成。泡打粉是一种化学起发剂，主要成分=小苏打+酸性原料+玉米淀粉，做馒头、面包时起发速度更快。

注意：购买时选择使用由无铝泡打粉生产的自发粉。

饺子粉

就是高筋面粉，蛋白质含量高，韧性好，耐煮，包饺子不易破肚，吃起来口感筋道。

麦芯粉

取自小麦粒的中心区，但谷粒的营养物质大多集中在外周区，所以麦芯粉既不筋道，营养价值也不及普通面粉和全麦面粉。

盐

怎样让面团更筋道？

盐可以促使蛋白质形成网络，同时让水分分布更均匀，这样面团就筋道了。但是过量的盐（超过3%）反而会影响水分分布，妨碍面筋网络形成，降低面团品质。另外，高盐饮食会增加罹患高血压的风险。盐可不是越多越好！

食盐要适量"哦"。

面粉不是越白越好

1 蛋白质含量越低越白

面粉颗粒越细，反光越强，看起来就越白。蛋白质含量越高，面粉颗粒就越难被磨细，面粉就显得黑。

2 面粉越陈越白

小麦胚乳含有一些类胡萝卜素，所以新面粉微泛黄。随着存放时间延长，色素降解，陈面粉就变白了。

3 红粒小麦粉比白粒小麦粉黑

小麦外皮的颜色会影响面粉的色泽，红粒小麦粉中混有深色的麸星，面粉看起来比较黑。其实红粒小麦的蛋白质含量通常比白粒小麦更高，营养价值更高。

消费者误认为面粉越白越好，某种程度上是不法生产者滥用吊白块等非法增白剂的动力。

面食食安小贴士

馒头

蒸馒头只能用酵母菌发酵剂和传统老面发酵，不能用化学发酵剂。白面馒头并非越白越好，杂粮馒头（如玉米馒头）并非颜色越深越好。不要购买过白、过于松软的馒头。

面包

面包的质量优劣，可以用面包体积来衡量。同样重量的面包，体积越大越好。

西式糕点

西式糕点中大量使用奶油，用以做夹馅、挤糊、挤花等。人造奶油是植物油氢化的产物，发明至今已有100多年的历史，在食品标签上一般标注为"氢化植物油""起酥油""人造黄油""人造奶油"。人造奶油价格低廉，但可以与天然奶油媲美，令食物口感更酥脆。

植物油在氢化过程中产生反式脂肪酸，反式脂肪酸摄入过多会增加患心血管疾病的风险。反式脂肪酸在天然食物中含量很少，基本上来自含有氢化植物油的食品，常见的有烘焙食品（饼干、面包等）、西式糕点、炸薯条、炸鸡块、洋葱圈、沙拉酱、巧克力酱、咖啡伴侣等。所以，尽可能选择用天然奶油（动物奶油）制作的糕点。

大米

五谷之首的各种稻米

按粒径和质地分类	特　点
籼米	米粒细长，长与宽之比一般大于3，米质较脆，出饭率高，蒸出的米饭黏性较小、蓬松
粳米	米粒呈椭圆形或圆形，丰满、肥厚，横断面近于圆形，长与宽之比小于2，颜色蜡白，质地硬而有韧性，出饭率低，蒸出的米饭黏性大、油性大
糯米（江米）	具有独特黏性和香糯口感的稻米，分长糯米（籼糯米）和圆糯米（粳糯米）两种。出饭率低，蒸出的米饭黏性大，常被制成风味小吃

籼米　　　　粳米　　　　长糯米　　　　圆糯米

什么是糙米和胚芽米？

糙米

保留了皮层、糊粉层和胚芽的全谷粒

　　口感较粗，质地紧密，煮起来也费时；但与普通精制白米相比，糙米的B族维生素、矿物质和膳食纤维含量更丰富，营养价值更高。

胚芽米

稻谷经过脱壳处理，保留胚芽

　　胚芽米比普通精制白米多出一颗胚芽，脂肪、蛋白质、B族维生素、矿物质及膳食纤维也比白米多。但胚芽部分容易发生脂肪酸败，不耐保存，一次购买量不宜太多。

每次买几斤大米合适？

　　大米的变质速度与水分含量有关，一般来说，水分含量越高越不易保存。所以，家庭一次性采购量以一个月消耗量为宜，尽量选择生产日期在一个月以内的大米。

优质大米特点

1 🍃 **碎米少**

　　碎米含量是判断大米品质优劣的重要标准之一，碎米多既影响大米的整齐度和口感，又不利于大米的安全储藏。

2 🍃 **杂质少**

　　杂质多少是判断大米品质优劣的重要标准。杂质含量多不但影响大米的食用价值，也影响人体健康及储藏的稳定性。

3 🍃 **腹白小**

　　腹白是指大米被掰开后，位于米心位置的白色物质，大米腹白越小，质量越好。

4 🍃 **味香色鲜**

　　新米有自然稻香味，色泽鲜亮，呈乳白色，光滑，手摸有凉爽感。

杂粮

玉米

　　优质玉米外表整洁干净，苞片淡绿或淡黄色，紧贴玉米。选择颗粒紧密、饱满有光、颜色鲜亮的玉米，不选颗粒稀疏或塌陷的玉米。玉米太嫩水分多，太老口感差，七八分成熟最好。手指轻压玉米粒，有弹性的玉米是刚成熟的。

　　首选新鲜玉米。玉米容易受潮而被黄曲霉毒素污染，购买预包装玉米时注意查看生产日期和保质期。

黑米

看外观：外皮墨黑，有光泽。
闻气味：有独特的清香味道，无异味。
摸质感：手感光滑，不黏手。
泡水鉴别：将少量黑米放入清水中浸泡10～15分钟，观察水的颜色变化。优质的黑米水呈浅褐色或红褐色，清澈透明。

麦片

一般以包装形式销售，看清食品标签，尽量购买近期生产的产品。

　　1. 选择燕麦片，不选麦片。麦片≠燕麦片，麦片的原料可以是大麦、小麦、荞麦、玉米、大米等各种谷类。

　　2. 选择纯燕麦片，不选混合型燕麦片。混合型燕麦片通常会添加奶、植脂末、糖等辅料，能量大大增加。

　　3. 注意看营养成分表，蛋白质含量不应低于10%，可溶性膳食纤维在6克/100克左右为佳。敢标β-葡聚糖含量的，都是好麦片。

小米

　　优质小米颗粒圆润，色泽均匀，呈淡黄色，流散性、干燥性强。用手抓一把，小米会从指缝间像沙子一样流下来。小米的黄色素见光会分解，陈小米往往颜色发白。

三、薯类巧搭配

土豆

如何挑选土豆?

| 01 | 看肉，看皮，选表皮完好、光滑，无干疤、病斑、虫咬和机械外伤，薯形圆整，芽眼浅的土豆。 |

粉土豆　　　脆土豆

| 02 | 市场上的土豆按用途可以分为淀粉土豆（粉土豆）和菜用土豆（脆土豆）两类。外皮颜色较深、发黄，麻点较多，肉色呈淡黄色的土豆，淀粉含量高，口感较面，适合炖食；外皮颜色较浅、发白，皮薄光滑，麻点很少的土豆，口感较脆，适合炒食。 |

轻掐判断

| 03 | 掐一掐，有汁液渗出的是新鲜土豆；划一划，表皮容易被划下来的是新鲜土豆。 |

162

两种土豆不要买 ⟶ ● 有龙葵素!

发芽土豆

变绿土豆

发芽土豆芽眼和变绿土豆皮层的有毒物质——龙葵素含量很高，不仅味苦，还会引起食物中毒，症状较轻者口腔及咽喉部瘙痒、有烧灼感，腹痛，严重者高热、昏迷、抽搐、呼吸困难，危及生命。龙葵素还有致畸作用，孕妇中毒后可能导致胎儿脑畸形和脊柱裂。即使煮熟，龙葵素也不易被破坏，所以新鲜土豆应该避光、低温保存。

土豆烹饪小贴士

1 🥔 **少浸泡**

切好的土豆丝或片不能长时间浸泡，泡太久会造成水溶性维生素等流失。

2 🥔 **不油炸**

一个中等大小的烤土豆，所含能量仅几千卡，经油炸后能量高达200千卡。所以，土豆尽量不要炸着吃。

3 🥔 **加醋烹调**

龙葵素遇醋易分解，做土豆时加醋，可以防止食物中毒。

注意：土豆等薯类蛋白质含量低，儿童不宜长期当主食吃。

红薯

01 优质红薯的标准

大小适中，瓤色深，外皮干净，不沾泥，没有斑点。

02 不买发芽红薯

虽然发芽红薯毒性比发芽土豆低，但口感差。

03 瓤色越深，营养价值越高

黄心或红心红薯比白心红薯甜，富含类胡萝卜素。

建议每人每天摄入15~25克大豆或相当量的豆制品。

四、豆制品，经常吃

豆类分为大豆和其他豆类。大豆主要指黄豆、黑豆、青豆等；其他豆类包括绿豆、红豆、蚕豆、芸豆等。大豆含丰富的优质蛋白质、必需脂肪酸、多种维生素和膳食纤维，还有磷脂、低聚糖，以及异黄酮、植物固醇等多种植物化学物。

164

豆腐干、豆腐丝、油豆腐（25克）

豆腐（100克）

豆浆（250克）

大豆（25克）

嫩豆腐（150克）

大豆粉（25克）

腐竹（20克）

分类

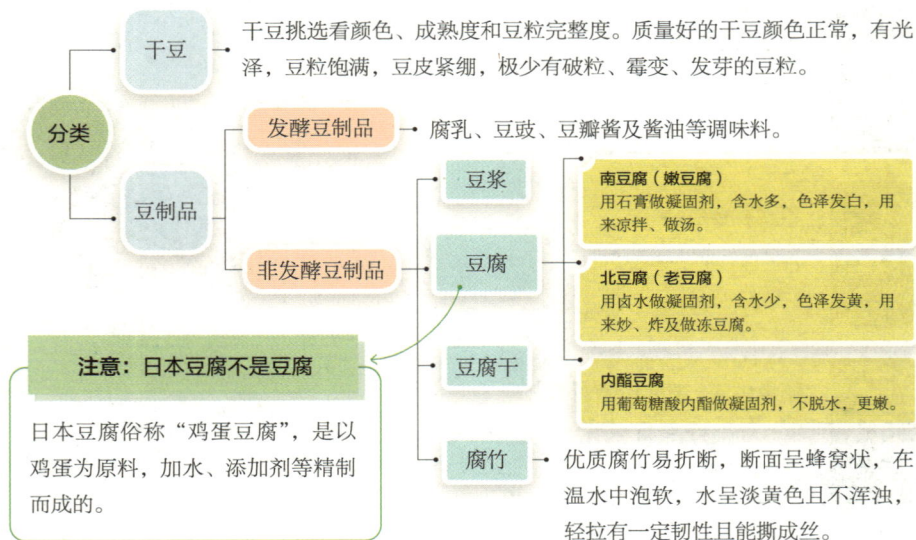

分类

- **干豆** — 干豆挑选看颜色、成熟度和豆粒完整度。质量好的干豆颜色正常，有光泽，豆粒饱满，豆皮紧绷，极少有破粒、霉变、发芽的豆粒。

- **豆制品**
  - **发酵豆制品** → 腐乳、豆豉、豆瓣酱及酱油等调味料。
  - **非发酵豆制品**
    - 豆浆
    - 豆腐
      - **南豆腐（嫩豆腐）** 用石膏做凝固剂，含水多，色泽发白，用来凉拌、做汤。
      - **北豆腐（老豆腐）** 用卤水做凝固剂，含水少，色泽发黄，用来炒、炸及做冻豆腐。
      - **内酯豆腐** 用葡萄糖酸内酯做凝固剂，不脱水，更嫩。
    - 豆腐干
    - 腐竹 — 优质腐竹易折断，断面呈蜂窝状，在温水中泡软，水呈淡黄色且不浑浊，轻拉有一定韧性且能撕成丝。

注意：日本豆腐不是豆腐

日本豆腐俗称"鸡蛋豆腐"，是以鸡蛋为原料，加水、添加剂等精制而成的。

喝豆浆的学问

打豆浆前，豆子最好泡一下。一来口感更细，二来单宁、植酸等抗营养因子溶出，水溶性的嘌呤也溶出，对痛风患者有益。泡豆子的水温以接近室温为宜。

豆浆必须彻底煮沸。大豆含有抗营养因子，如蛋白酶抑制因子、植物红细胞凝集素，通过加热处理即可除掉。喝了生豆浆或未煮开的豆浆，可能会引起恶心、呕吐、腹痛、腹胀和腹泻等症状。一般豆浆煮到80℃就有很多泡沫产生，让人误以为豆浆已经煮开了，其实这时候还需要继续煮。煮沸后再持续煮10~15分钟，豆浆里的抗营养因子才能完全被破坏。

最好现磨现喝，避免隔夜。

低温冷藏防变质。没喝完的豆浆应密封后放冰箱冷藏，并尽快饮用。如果豆浆出现分层、结块现象，表明已变质。

豆制品选购小贴士

1 在有冷藏保鲜设备的副食商场、超市购买，豆制品应摆放在低温货架上。

2 包装完整，没有开口、破裂。

3 包装袋上标签齐全，尽量选择生产日期较近的豆制品。

4 少量购买，及时食用，不宜大量囤货。吃剩的豆制品应密封后放冰箱冷藏，并尽快吃完。如果发现豆制品有异味或表面发黏，则不要食用。

五、适量吃坚果

选购坚果时要在正规平台和超市购买，仔细阅读食品标签。

花生

看外表： 带壳花生外壳纹路清楚而深，形状饱满；花生仁颗粒完整，表面光润，没有外伤与虫蛀或白细粉。
闻气味： 具有花生特有的气味。如果有异味，可能是霉变花生。
剥红皮： 红皮光亮，光泽均匀，一般呈深桃红色的质量最好。
尝滋味： 具有纯正香味，无异味；若有哈喇味、苦涩味及其他异味则已变质。

核桃仁以形状肥大、饱满、完整、质干、色泽黄白者为佳，暗黄者次之，褐黄者最次。带深褐色斑纹的虎皮核桃质量差。如果核桃泛油黏手，呈黑褐色，有哈喇味，则已变质。

核桃

瓜子

以粒老仁足、板正平直、片粒均匀、口味香鲜为优质，反之则为低劣品。壳面鼓起的仁足，凹瘪的仁薄。皮壳发黄破裂者为次。用齿咬容易分裂，声音实而响的为干，反之为潮。易用手掰开，仁松脆、肥厚、色泽白者为佳。

果实饱满，颗粒均匀，色泽正常，无虫蛀、损伤、霉烂，肉质细，甜味浓，带糯性的板栗为上品。风干皱皮，裂口，皮变暗发褐，手捏感到果实空软或僵硬的，应剥壳观察果肉是否已闷伤和霉烂。

也可用水浮法鉴别，凡下沉的果实为新鲜好果，上浮或半浮的为次果或坏果。

板栗

166

坚果小贴士

1 🥜 **坚果有益不过量**

大部分坚果富含脂肪，能量较高，不宜大量食用。建议每天吃10克左右坚果，相当于每天吃带壳原味瓜子25克（约一把半），或者花生15～20克，或者核桃2～3个，或者板栗4～5个。
食用原味坚果为首选。

2 🥜 **坚果入菜**

坚果可以入菜，作为烹饪的辅料，如西芹腰果、腰果虾仁等；坚果还可以和大豆、杂粮等一起做成五谷杂粮粥，作为主食食用。

注意：儿童吃坚果要特别小心，避免被整粒坚果噎住。

六、餐餐有蔬菜

如何选购蔬菜？

01 选择新鲜的蔬菜

新鲜的蔬菜不失水、不萎蔫，枝叶挺拔，果皮鲜亮，有蔬菜的清香味。

02 选择成熟度适宜的蔬菜

未成熟的蔬菜养分积累不够，生涩，口感差；过熟的蔬菜纤维化程度高，口感差；成熟度适宜的蔬菜营养丰富，口感好。

03 不买形状、颜色、气味异常的蔬菜

虫食过的蔬菜有损伤、扭曲病变等异常形态，不新鲜的蔬菜有萎蔫、干枯、变色现象，使用激素物质的蔬菜会长成畸形。

04 少选虫眼蔬菜，多选少虫蔬菜

有人认为蔬菜虫洞较多就是没打过农药，其实是错误的。有的蔬菜有特殊气味，害虫不喜欢，被称为"少虫蔬菜"，如茼蒿、生菜、芹菜、胡萝卜、洋葱、大蒜、韭菜、大葱、香菜等，使用农药较少。

05 少选"特价菜"

由于接近保质期或滞销而降价销售的特价菜虽然便宜，但味道、口感和营养价值下降。

五大绝招去除农药残留

01 去皮

蔬菜表面有蜡质，很容易吸附农药。因此，能去皮的蔬菜应去皮后再食用。

02 清水泡

蔬菜洗净后泡入清水中15~30分钟，最后再冲洗一遍。包心类蔬菜可先切开，放在清水中浸泡，再用清水冲洗。

03 开水烫

青椒、花椰菜、豆角等不怕烫的蔬菜，在下锅烹调前最好先用开水焯一下。

04 阳光晒

利用阳光，使蔬菜中的部分残留农药被分解破坏。

05 储藏

耐储藏的蔬菜，如整个的冬瓜、南瓜，最好放置一段时间再吃。

你知不知道？

储藏温度过高是造成蔬菜养分流失和亚硝酸盐增加的主要因素

亚硝酸盐含量较高的蔬菜（如菠菜、油菜、韭菜、青菜等深色叶菜），储藏温度不宜超过10℃，其中菠菜、油菜以0~2℃为最佳；韭菜、韭黄的最佳储存温度为3~10℃，可保存5~7天。

亚硝酸盐含量较低的蔬菜（如番茄、土豆、萝卜、茄子、南瓜、辣椒、大白菜）在10℃以下可以存放几周甚至更长时间，亚硝酸盐含量不会明显升高。

此外，蔬菜摆放的正确方法是菜根朝下，倾斜约15°，立放。这样可维持叶菜的生长状态，有效防止蔬菜中的维生素C损失和亚硝酸盐含量升高。

七、菌藻类，是个宝

菌藻类包括菌类和藻类，菌类有鲜食用菌和经烤晒制成的干食用菌，包括香菇、平菇、金针菇、黑木耳、银耳等；藻类指海洋生或海边生植物，包括海带、紫菜等。

菌藻类挑选小窍门

黑木耳

看：朵大适度，耳瓣略展，朵面乌黑有光泽，朵背略呈灰白色。不要购买内外均发黑的木耳。

捏：易碎，有弹性。

尝：无异味，有清香气。

泡：体轻，水泡后膨胀变大。

银耳

看：色白带黄，朵大肉厚，蒂头无黑点和杂质。

摸：干燥银耳体轻，质硬而脆。

尝：无味道。

闻：无特殊气味。

⚠️ 食用变质银耳会引起中毒，轻者恶心、呕吐、腹泻、头晕，重者会出现肝大、黄疸、腹水、抽搐、昏迷，因肝肾功能衰竭而死亡。

海带

干海带呈均匀绿色、不枯黄，叶片肥厚、较长较宽者为佳，表面附有白色粉末，有海带固有的香味，无异味。

紫菜

紫菜具有紫黑色光泽，用火烤酥后呈青绿色，有清香气和鲜美的滋味。

八、天天吃水果

如何选购水果？

最好选择新鲜的时令水果。

01	**看**
	水果新鲜，大小正常，表皮光滑，色泽亮丽。

02	**摸**
	判定水果的成熟度，自然成熟的水果有弹性。

03	**闻**
	自然成熟的水果能闻到特有的果香味。

04	**尝**
	新鲜水果味道香甜可口，果肉质地良好。

水果储存小贴士

🍃 热带水果怕冷

热带水果大多怕冷，不宜放在冰箱中冷藏。如果一定要放入冰箱，可以选择冷冻。

🍃 水果保鲜先入袋

需要在冰箱保存的水果，可以先放进塑料袋，再放入冰箱，使水果处于休眠状态，延长储存期。

九、无肉不欢

鲜肉、冷鲜肉、冷冻肉

鲜肉

宰杀后直接上市销售的肉，肉温 40～42℃，保质期短，通常当天宰杀、当天销售。

冷鲜肉
（冷却排酸肉）

宰后迅速冷却至 0～4℃，并在后续加工、流通和销售过程中始终保持 0～4℃，经历了充分的解僵、排酸过程，达到"成熟"状态。滋味鲜美，口感滑腻、鲜嫩。

冷冻肉

宰杀后在 -18℃ 以下急冻，深层肉温达 -6℃ 以下。保存期较长，解冻后不宜久放，应尽快食用。

动物"三腺"吃不得

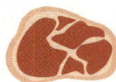

动物"三腺"指甲状腺、肾上腺和淋巴结，卫生部门明令禁止食用。

甲状腺

俗称"**栗子肉**"，长在动物喉头附近，左右各一小块。它呈淡褐色，半透明，比其他周围组织稍硬。因为动物甲状腺中含有大量甲状腺素，一般烹调后仍有活性，食用后可引起中毒。

肾上腺

俗称"**小腰子**"，位于两侧肾脏的前方，呈褐色，外面包着一层白色的纤维膜。肾上腺中含有肾上腺皮质激素，误食可使人全身血管收缩、心跳加快，促使糖原分解，引起血糖升高。

淋巴结

俗称"**花子肉**"，分布于牲畜的全身，常见于前肩胛、腹股沟等部位。淋巴结内往往聚集着较多的细菌和病毒，食之容易感染疾病。

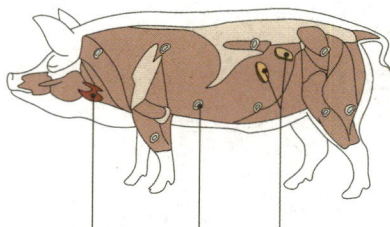

甲状腺　　淋巴结　　肾上腺

学会辨别新鲜肉

肌肉光泽红润，脂肪白色或淡黄色，表面微干或微湿润，有弹性，正常气味。

肌肉无光泽，脂肪灰绿色，表面干燥或黏手，指压凹陷不能复原，有臭味。

畜肉

眼球饱满，皮肤光泽自然，不黏手，正常气味，肌肉结实，有弹性。

眼球干缩、凹陷，皮肤湿润发黏，肉质松散，颜色暗红、淡绿或发灰。

禽肉

禽肉小贴士

1 **鸡肉容易变质**

购买后尽快放进冰箱冷藏或冷冻。

2 **鸡肉的营养高于鸡汤**

喝鸡汤时要吃鸡肉。

3 **请勿食用臀尖**

鸡、鸭、鹅等禽类屁股上长尾羽的部位，学名"腔上囊"，是淋巴结集中的地方，也是个藏污纳垢的"仓库"。请勿食用鸡、鸭、鹅等禽类的臀尖。

鸡屁股能吃吗？

十、水产品，不能少

如何选购水产品？

鱼类

活鱼：活泼、好游动，无伤残，不掉鳞，鱼背坚实有弹性，鱼体表面干净透明，喜欢在鱼池底部、中间游动的鱼品质最佳。

冰冻鱼：嘴紧闭，口干净，鳃鲜红，眼稍凸，眼珠黑白分明，表面黏液干净透明，鱼肉发硬有弹性，鳞片紧附鱼体、不易脱落者为佳。

虾类

活虾：完整，甲壳透明发亮，须足无损伤，虾壳坚硬，虾身较挺，有一定弯曲度，眼睛外凸，下须硬挺。

⚠ 不要购买死虾。

蟹类

掂：手感沉重者佳。

翻：将蟹体仰放，腹部朝天，能迅速翻身爬行。

拉：拉出蟹腿和螯关节后立即复原。

摸：摸蟹壳时手感粗糙、刺手。

贝类

外壳颜色鲜艳、湿润、有光泽，肢体硬实有弹性。用手触碰贝类，贝壳会收缩者为好。

十一、火眼金睛分清乳制品

乳制品是补钙的最佳食品，建议每天吃相当于300克液态奶的乳制品。

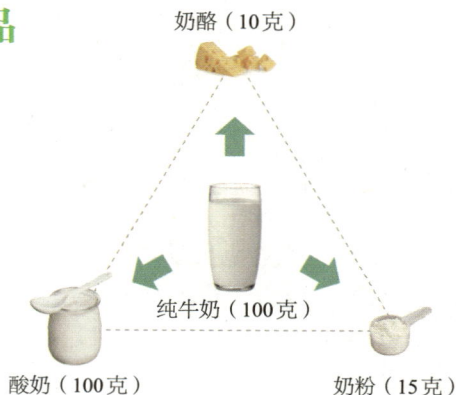

奶酪（10克）

纯牛奶（100克）

酸奶（100克）

奶粉（15克）

选巴氏消毒奶还是常温奶？

巴氏消毒奶：将牛奶加热到75～90℃，保温10～30秒，能杀灭奶中的致病菌，但不能杀死处于蛰伏状态的细菌，因此运输、售卖全程需4～10℃冷藏，保质期一般在7天以内。

常温奶：采用超高温杀菌技术，将牛奶置于120～150℃，保温2～8秒，杀死牛奶中的几乎所有细菌，保质期1～6个月，无须冷藏，蛋白质和钙含量与巴氏消毒奶差别不大。

买哪种奶，全看家里有没有冰箱、冰柜。

复原乳是不是乳制品？

很多国家为调节市场鲜奶供应，在产奶旺季，将部分鲜奶先加工制成脱脂奶粉和无水奶油储存备用。当产奶淡季或市场需求量增加时，将储备的脱脂奶粉和无水奶油分别溶解，按正常比例混合，再加入50%的鲜奶，即成复原乳。复原乳的营养成分与鲜奶基本相似。在食品标签上，复原乳必须清楚标注"复原乳"，让消费者明明白白消费。

如何区分酸奶和含奶饮料？

一看产品名称，二看配料表，三看营养成分表。

好喝牌酸奶

配料：生牛乳、白砂糖、乳清蛋白、食品添加剂、嗜热链球菌、保加利亚乳杆菌

纯牛奶配料表中只有生牛乳，酸奶配料表中排名第一位的应该是生牛乳。

营养成分表

项目	每100克	NRV%
能量	261千焦	3%
蛋白质	2.3克	5%
脂肪	3.6克	6%
碳水化合物	4.5克	2%
钠	60毫克	3%
钙	100毫克	12%
非脂乳固体 ≥8.1%		

纯牛奶蛋白质含量不低于2.9克/100克，酸奶不低于2.3克/100克。

好喝牌酸酸乳饮料

配料： 饮用水、生牛乳、白砂糖、聚葡萄糖、红米粉、红豆粉、花生酱、小米粉

含奶饮料产品名称中有"饮料""饮品"字样，配料表中的第一位是饮用水，排在生牛乳的前面。说明该产品水的含量比牛奶多。

营养成分表

项目	每100克	NRV%
能量	215千焦	3%
蛋白质	1.2克	5%
脂肪	1.3克	6%
碳水化合物	7.9克	2%
钠	1.5克	3%
钙	60毫克	12%

由于添加了一定量的水，含奶饮料蛋白质含量仅有1.2克/100克，钙含量也会相应减少。

喝奶小贴士

🐄 刚挤出来的牛奶不宜饮用。

🐄 为避免乳糖不耐受，不空腹喝奶，不喝冷牛奶，或者可以改喝酸奶。

十二、每天吃一个蛋

选购鸡蛋小诀窍

🥚 鲜蛋蛋壳上有白霜，完整干净，灯光透视气室小，看不见蛋黄或红色阴影，无斑点。

🥚 把鸡蛋放入盐水中，鲜蛋会沉入水底，半沉半浮或浮于水面的蛋是陈蛋。

遇上这些蛋，你该怎么办？

裂纹蛋

蛋壳破裂有缝而壳膜未破，摸碰蛋时发出破裂声。应尽快食用。

硌窝蛋

蛋壳局部破裂凹陷，壳膜未破，蛋清液未外流。应尽快食用。

流清蛋

蛋壳严重裂纹，壳膜亦破裂，蛋清液外流，蛋黄尚完好。应立即高温加热后食用。

血圈蛋
（受精蛋）

由于受热，鸡胚开始生长，灯光透视血管形成，蛋黄呈现小血环。应尽快食用。

污壳蛋

蛋壳上粘有泥土、粪便、血液等。应立即清洗食用。

霉变蛋

轻者壳下膜有小霉点，蛋白和蛋黄正常；严重者可见大块霉斑，壳膜及蛋液内有霉点或斑，并有霉味。霉变蛋不能食用。

你知不知道？

红皮鸡蛋和白皮鸡蛋，哪种营养价值更高？

红皮鸡蛋和白皮鸡蛋的营养价值并无显著差别。蛋壳颜色主要由一种称为"卵壳卟啉"的物质决定，与鸡的品种有关。因此，在选购鸡蛋时，无须注重蛋壳的颜色。

蛋清和蛋黄，谁的营养价值更高？

蛋的营养成分分布不均匀，蛋黄集中了蛋的大部分蛋白质、脂肪、矿物质和维生素，而蛋清主要是水和少量蛋白质。因此，吃鸡蛋不要丢弃蛋黄。

"土鸡蛋"和"洋鸡蛋"，哪种营养价值更高？

真正意义上的土鸡应该是完全散养的，主要吃虫子、蔬菜、野草。养鸡场里的鸡经过选种、圈养，饲料都经过科学配比，因此"洋鸡蛋"个头较大，但蛋黄没有"土鸡蛋"大。两类鸡蛋营养价值相差不大。"土鸡蛋"胆固醇含量较高，可能与蛋黄所占比例较大有关。

吃蛋小贴士

○ 不吃生鸡蛋，不喝生蛋清。生鸡蛋的蛋白质不易被消化吸收，生蛋清中含有抗营养物质，妨碍蛋中其他营养成分的消化吸收。

○ 煮蛋一般在水开后继续小火煮5分钟即可，时间过长会使蛋白质过分凝固，影响消化吸收。

○ 煎蛋时火不宜过大，时间不宜过长。

动物油　　植物油

十三、食用油，你吃对了吗？

动物油和植物油

任何食用油食用过量都会导致发胖，增加患慢性病的风险。不同的食用油所含的脂肪酸种类和数量不同，比如，棕榈油虽然是植物油，但其中的饱和脂肪酸比猪油还多；鱼油虽然来自动物，但脂肪酸的不饱和程度比花生油还高。所以，不能用"植物"和"动物"来区分食用油的质量优劣。

植物油摄入过多，其中的多不饱和脂肪酸在人体内容易氧化，生成过氧化脂质，可引起心脑血管疾病，甚至诱发肿瘤。市场上常见的"植物奶油"或"植物黄油"是大豆油经高温人工加氢的产品，口感和烹调效果类似于黄油，却含有不利于心脏健康的反式脂肪酸，营养价值较黄油更低，不宜经常食用。

"压榨"还是"浸出"？

目前，低含油的油料，如大豆，采用直接浸出工艺；高含油的油料，如油菜籽、花生，则采用先压榨后浸出的工艺。纯粹的压榨法仅用于某些特殊风味的油脂加工，如橄榄油、芝麻油等。食用油是否安全，不在于前段提取采用了压榨还是浸出工艺，而是由后续的精炼工艺决定的。我国规定，食用油的外包装必须标明生产方法，是为了保障消费者的知情权和选择权，并不意味着两种生产方法在安全性上有差异。

土法榨油杂质多，重金属、农药残留等不易控制，其实并不安全。

烹调时怎样选油？

01 利用性能好的炊具省油

选择密闭性好、热传导功能佳的炊具。利用炊具余热将食物烤熟，减少油的用量。

02 适合油炸的高温食用油

适合油炸的高温食用油有棕榈油、猪油、牛油、黄油、调和油等。

03 适合煎炒的中温食用油

中温食用油有菜籽油、花生油、葵花籽油等。橄榄油也属于此类，做汤时加入少许，既不破坏橄榄油的营养成分，又能起到调味作用。

04 娇气的低温食用油

低温食用油有大豆油、红花油、小麦胚芽油、亚麻籽油等。这类油脂含有丰富的多不饱和脂肪酸，在高温下容易被氧化。因此适合凉拌蔬菜、调制沙拉、淋在汤中或在炒菜出锅前加入少许。类似清炒等低温烹调方式也可考虑使用此类油脂。

根据炒菜时的温度选择油

食用油存放有学问

1 食用油不宜用透明塑料瓶盛装，尽量使用深色玻璃瓶，防止光照变质。

2 食用油避免摆放在炉灶旁。厨房炉灶旁温度高，油脂长时间受热会发生化学反应，产生有害物质。

3 尽量不长期存油。食用油储存以半年为宜，最长不应超过一年。可放少许花椒、茴香、桂皮、丁香等香辛料在油中，能延缓或防止油脂酸败。

十四、五味杂陈调味品

酱油

酿造酱油和配制酱油

　　酿造酱油用大豆、小麦、食用盐和曲子，经微生物发酵而成，工艺复杂，酿造时间长。

　　配制酱油以酿造酱油为主体，添加食品添加剂等配制而成，酿造酱油的比例不能少于50%。

佐餐酱油和烹调酱油

　　佐餐酱油可以直接食用，菌落总数等卫生指标要求严格。烹调酱油必须经过加热，千万别用来拌凉菜。

生抽和老抽

　　生抽颜色较浅，味道较咸。生抽用来调味，因颜色淡，故多用来做一般的炒菜或凉菜，这样才能保持原来的菜色，显得清爽。用法主要是蘸食、生拌、调汁、做汤、煎蛋等，只需几滴即能增添各种菜肴的鲜味。另外，生抽可以处理具有腥味的食材，如蒸鱼时加入适量的生抽，可起到去腥的作用。素食者也可以在煲汤的时候加入适量生抽，作为高汤。

　　老抽颜色较深，略带甜香味，用来做色味较重的菜肴，如红烧茄子、梅菜扣肉等。

> **选购酱油小诀窍：** 酿造酱油中氨基酸态氮含量不得低于0.4克/100毫升。摇一摇酱油瓶，好的酱油会产生丰富的泡沫且持久不消。

食醋

酿造食醋和配制食醋

　　酿造食醋以粮食为原料，经蒸煮、糊化、液化及糖化发酵而成。

　　配制食醋以酿造食醋为主体，与食品级冰醋酸、食品添加剂等混合配制而成。

> **选购食醋小诀窍：** 酿造食醋总酸度不得低于3.5克/100毫升。摇一摇醋瓶，氨基酸含量高的酿造食醋也会产生丰富泡沫且不易消散。

味精和鸡精

味精和鸡精小常识

1 世界卫生组织建议，婴儿食品不用味精；成人每人每天味精摄入量不要超过6克。

2 味精的化学名为"谷氨酸钠"，选购味精时，谷氨酸钠含量越高越好。谷氨酸钠在100℃以上的高温下会变为没有鲜味的焦谷氨酸钠，所以应在菜肴将要出锅时投放味精。味精应盛放在有盖的玻璃瓶中，置于阴凉干燥处。

3 鸡精和鸡没关系，主要成分是味精，添加了核苷酸、食盐等增鲜剂，所以比味精更鲜。

4 合格鸡精的谷氨酸钠含量不应少于90%，每100克鸡精的蛋白质含量不应低于10.7克。

食盐

世界卫生组织建议，每人每天的食盐摄入量不要超过5克。

有防伪标志的碘盐

碘盐应置于干燥、阴凉、不受太阳直晒和不受高温烘烤的地方。用不透明的陶瓷坛罐或用深色不透光的带盖玻璃器皿放盐，每次用后及时加盖，避免碘挥发。不用碘盐爆锅，起锅关火后加盐。

食盐抗结剂不会对人体健康造成危害

亚铁氰化钾是国内外广泛使用的食盐抗结剂，亚铁氰化钾结构稳定，只有在400℃以上的高温时才可能分解产生氰化钾。在日常的烹调温度下，亚铁氰化钾分解的可能性极小。按照标准规定使用亚铁氰化钾，不会对人体健康造成危害。

食盐的激光防伪标志

料酒

白酒能不能代替料酒？

料酒的作用是去除鱼、肉类的腥膻味，增加菜肴的香气。料酒的酒精浓度比较低，一般在15%左右，去除腥味的同时，不会破坏肉类中的蛋白质和脂肪。料酒中含有较多糖分和氨基酸，可起到增香、提味的作用。白酒的酒精浓度高于料酒，会破坏肉中的蛋白质和脂肪。白酒中的糖分、氨基酸含量比料酒少，提味作用不如料酒。因此，最好不要用白酒代替料酒。

第 8 章

食品安全误区，
你中招了吗？

打开电脑，刷刷手机，一则又一则有关食品安全的重磅信息令人应接不暇：隔夜菜致癌，方便面里的毒素要32天才能排干净，美味可口的爆米花会吃出可怕的"爆米花肺"，快餐店的酥脆烤鸡其实长了6只翅膀、6条腿……有关食品安全的谣言层出不穷，折射出公众对食品安全问题的心态。帮助公众准确了解当前的食品安全状况，需要政府、媒体、学术界、企业、消费者共同努力，让"食全食美"早日成真。

误区1：国外食品一定是安全的

真相：食品安全是世界性难题，不少发展中国家受此困扰，发达国家也难以幸免。近年来，世界各地接连发生重大食品安全事件，凸显了这一问题的严重性。

2010年底，德国石荷州哈勒斯和延彻公司将受二噁英污染的工业脂肪用于动物饲料油脂生产，导致北威州养鸡场饲料遭二噁英污染，鸡蛋中二噁英超标，其他州也相继发现受污染的饲料和食品。受污染的饲料油脂共7批2256吨，以此为原料生产的饲料被销售到德国本国和丹麦、法国。事件发生后，4760家农场一度被迫关闭，8000多只畜禽被宰杀，12万枚鸡蛋被销毁。多个国家和地区对德国的蛋类和肉类产品采取了限制或禁止进口的风险控制措施，德国的食品形象严重受损。

2011年5月，由于萨克森自由州一家工厂用受污染的种子生产豆苗，德国暴发肠出血性大肠杆菌食物中毒事件，并迅速蔓延至欧洲、北美洲的16个国家，导致4075人发病，50人死亡。

2011年9月，因食用科罗拉多州金森农场生产的被李斯特菌污染的甜瓜，美国共有28个州146名消费者食物中毒，其中32人死亡。该事件成为美国近30年里最严重的食源性疾病致死事件。根据美国疾病预防控制中心公布的数据，美国每年有4800万人患食源性疾病，相当于美国人口的1/6，其中12.8万人住院治疗，3000人死亡。

2011年日本明治奶粉检出放射性铯，2012年德国冷冻草莓被诺如病毒污染，2012年韩国农心方便面检出苯并芘，2013年欧洲"挂牛头卖马肉"丑闻，等等。

近几年，一些消费者认为进口食品有档次，更愿意选择看似"高大上"、打着"营养安全"旗号的进口食品。而庞大的电商平台和便捷的物流体系使进境食品逐渐进入中国寻常百姓家。但是，看似"高大上"的进口食品，真的质如其名吗？

2024年8月，全国海关在口岸监管环节检出安全卫生等项目不合格并未准入境食品、化妆品分别有301批次、6批次。进口食品质量安全问题主要包括微生物污染、违法添加化学物质、重金属含量超标、标签不合格、货证不符、添加剂超标等。产生这些问题的原因多种多样，包括生产过程中的质量控制不严格、原材料质量问题、运输和储存条件不当等。一些进口奶粉因未获得进口许可和检验检疫合格证明，被认定为不符合食品安全标准。进口肉类产品中检出瘦肉精，厄瓜多尔白虾添加剂超标也是常见的问题。进口高糖饮料中可能掺杂有毒物质，或者包装材料不安全，对健康构成威胁。

误区2：有机食品比普通食品更有营养

真相：目前尚无足够证据证明有机食品比普通食品更有营养。

"有机食品"是从英文"organic food"直译过来的，其他国家也叫"生态食品"，指来自有机农业生产体系，根据有机农业生产的规范生产加工，并经独立的认证机构认证的农产品及其加工产品。有机食品在生产和加工过程中，必须严格遵循有机食品生产、采集、加工、包装、储藏、运输的标准，禁止使用化学合成的农药、化肥、激素、抗菌药物、食品添加剂等，禁止使用基因工程技术及该技术的产物及衍生物。按照国际惯例，一次有机食品标志认证的有效许可期限为1年。

自1958年开始，英国、法国等国家对有机食品的营养价值进行了研究，得出的结论是有机食品和普通食品在营养成分方面没有差异。而在安全方面，有机食品也未必比普通食品更优。比如，我国允许有机农业使用植物农药。已有研究发现植物农药对环境和动物存在一定危害，如果没有控制好使用量，那么仍然可能存在较大的安全风险。有机食品的农药残留量较低，但微生物、真菌毒素、重金属、二噁英等有害物质的水平并不比普通食品低。美国农业部一直公开申明，不对有机产品是否更有营养和更安全发表评论，也不允许宣传有机食品相对于普通食品的优势。

小伙子，买有机蔬菜吧，营养价值更高

我读书多，你可骗不了我

误区3：纯天然食品更安全

真相："天然的食品就是安全的"——这个想法是错误的。

早在200多万年前，人类主要靠捕猎和采集野果为生的食物采集时期，人们已经认识到有些植物有毒，可能使人中毒甚至死亡。这就是原始人所面临的主要食品安全问题。大约在1万年前，人类进入食品生产阶段，出现食物过剩，随之出现食品腐败变质问题，于是各种食品保藏方法应运而生，出现了酒、酱等发酵食品，人们还发明了腌渍、熏制、风干和冷冻等技术。盐、醋、天然香料和天然草药也应用在食品制造中。现如今，天然植物在种植、收获、储存及制作过程中如果没有严格的质量控制，就很难保证其食用安全性。

纯天然食品并不等于绿色食品。绿色食品是遵循可持续发展原则，按照特定生产方式生产，经专门机构认定，许可使用绿色食品标志商标的无污染的安全、优质、营养类食品。我国的绿色食品分为A级和AA级两种。简单说来，A级绿色食品生产中允许限量使用化学合成的物质，AA级绿色食品则在生产过程中不使用化学合成的肥料、农药、兽药、饲料添加剂、食品添加剂和其他有害于环境和身体健康的物质。

误区4：野生动物比养殖动物更美味、更安全

真相：野生动物在口感和营养价值方面并不比养殖动物优秀，反而有较高的安全风险，而养殖动物只要符合兽药残留标准，就可以放心食用。

食用野生动物，除了追奇求新和炫耀，野味更"香"也是吸引"吃货"的重要原因。野生动物与养殖动物在食用口感上确实存在差异。这是因为野生动物在野外为生存而疲于奔命，所以它们的肌纤维发达，脂肪含量少，口感筋道；而养殖动物多为圈养，跑动少，脂肪含量比野生动物多，口感柔软、细腻。养殖本身是一个不断筛选、培育更符合人们喜好的肉类口感的过程。但是，哪种肉的口感更好，取决于食用者的主观感受，很难说野生动物的口感比养殖动物更好。

至于营养，以鸡肉为例，鸡肉的香味很大程度上取决于其中的呈味物质核苷酸，而劲道、有嚼头则由肉中的胶原蛋白和弹性蛋白决定。这些成分与鸡的生长期有关，生长时间越短，"鸡味"越淡，肉质越细嫩。不过，这些影响风味口感的成分与营养价值关系不大。因此，野味并不见得营养价值更高。

要引起重视的是，野生的鱼、蛙、蛇往往是寄生虫的中间宿主。有报道称，在一条蛇身上发现了150多条曼氏迭宫绦虫幼虫。当然，养殖动物也存在寄生虫感染问题，但在人工介入的情况下，寄生虫感染一般都能得到有效控制。

另外，野生动物携带的病毒也可能经由密切接触或被食用而感染人类，如H7N9禽流感病毒。据统计，自20世纪70年代，已经有超过40种新发传染病出现，而其中的78%与野生动物有关或来源于野生动物。

野生动物可能携带多种病原体

即便对野生动物进行彻底烹煮，彻底杀灭病菌与寄生虫，但"吃货"还必须面临下一个风险——有害物质富集作用。在自然界，污染物如有毒金属通过营养级较低的生物进入食物链，会传递到营养级较高的生物体内，导致生物营养级越高，其体内蓄积的有害物质越多。一些人爱吃的野生鲨鱼、石斑鱼、各种食肉动物，都处在食物链的高层，富集的有毒金属随着这些动物的年龄增加和体重增长而增多。因此，食用野生动物，也意味着接管了动物积攒一生的污染物。

人们青睐野生动物的另一个重要原因，就是对养殖业有误解。提到养殖动物，许多人马上会将其与激素、抗生素联系在一起。

提到养殖业与激素，首当其冲的就是水产养殖和鸡肉。1998年，有报道称在黄鳝饲料中添加避孕药，黄鳝长得又肥又大。事实上，黄鳝是一种具有性逆转特性的生物，雄性体型较大，雌性体型较小。避孕药大部分为雌激素，黄鳝摄入雌激素后会转为雌性，毫无疑问这是件得不偿失的事。后来又演变出"避孕药养虾""避孕药养蟹"之类的流言。但真实情况是，虾蟹和禽类对激素极其敏感，若喂食避孕药稍有过量，就可能引起它们死亡。养殖户不可能做这种增加成本却减少收益的事。

激素养殖导致儿童性早熟，同样是谣言。以鸡为例，我们现在吃的肉鸡是无数次杂交选育的产物，肉鸡的品种决定了其生长速度，无须激素助长。根据2005年发布的《商品肉鸡生产技术规程》，肉鸡在6周龄（42天）的平均体重约为2.42千克。这个行业标准在普通消费者眼里似乎有点疯狂，但这恰恰是科技带来的实惠，否则，我们面临的将是一个只有少数人才能吃得起鸡肉的局面。

我国《饲料和饲料添加剂管理条例》和《兽药管理条例》明文禁止使用激素饲养畜禽。在正规养殖场，所谓的"激素养殖"存在的可能性很小。

但是人工饲养的动物确实存在抗生素残留问题。我国出台了相关标准，详细规定了各种兽药在养殖动物体内的安全残留标准，只要在规定限量内，就可以放心食用。

误区5：生食更健康

真相：生食并不比烹饪更健康。

适当的烹煮可以提高食物的消化吸收率，可以杀死有害微生物和寄生虫，可以破坏很多天然有害物质，还能帮助减少农药残留。

生食有风险。

第一，畜禽肉类和水产品在生产、储藏、加工及运输过程中都有被微生物污染的风险，水产品中的寄生虫也很常见。冷冻、辣酱、芥末、烟熏、饮酒等都无法完全杀死细菌和寄生虫及虫卵，必须彻底加热。生食水产品要适量。

第二，苦杏仁、竹笋及其制品、木薯及其制品中含有氰苷，四季豆、扁豆中含有皂苷和植物红细胞凝集素，不宜生吃，一定要烧熟、煮透。

第三，含淀粉的蔬菜，如土豆、芋头、山药等必须熟吃，否则淀粉颗粒难以消化。

第四，莴苣、荸荠、十字花科蔬菜（如西蓝花、花椰菜）和草酸含量高的蔬菜（如菠菜、竹笋、茭白）应该焯一下水再吃。

吃生食易导致
消化不良
食物中毒

误区6：激素＋农药，反季节蔬菜不安全

真相：反季节蔬菜未必反季节；只要达标，大棚蔬菜同样安全。

从来源来看，所谓的反季节蔬菜有三类：一类是从遥远的异地运送来的蔬菜，如从云南、海南出产又被运至北方的应季辣椒、番茄；第二类是从冷库里搬出来的应急储备，如出镜频率极高的蒜薹；第三类是本地的大棚蔬菜。

与露天种植相比，温室大棚内高温高湿，加上棚内蔬菜种植密度较大，品种较为单一，使得病虫害较为严重。此外，大棚生产的茄果类蔬菜由于缺少昆虫授粉，一般需要人为涂抹植物生长调节剂才能使其正常结果。某些植物生长调节剂的使用，还能提高茄果类蔬菜的产量。相关部门对农药和植物生长调节剂都有明确的适用范围和用量要求，只要按照要求使用，就能够保证安全。大棚蔬菜的农药残留量不一定比普通蔬菜高。植物生长调节剂施用浓度极低，因为过量使用反而没用，甚至会造成减产。经过植物分解，最终蔬菜上的残留量更低，对人体不会产生危害。此外，因为人体内没有相应的受体，植物生长调节剂对人体不起作用。

温馨提示：应当选择大小、形状和色泽正常的蔬菜；个头过大、形状异常或色泽鲜艳的蔬菜，有可能是不规范用药所致。

误区7：水果催熟剂会导致儿童性早熟

真相：水果催熟剂与儿童性早熟完全无关。

乙烯是五大植物激素之一（其他四个是生长素、赤霉素、细胞分裂素和脱落酸），但乙烯是种气体，使用不便。乙烯利的发明解决了这个问题，一分子乙烯利能够分解产生一分子乙烯。果农利用乙烯利将青香蕉催熟。植物生长产生乙烯，能自然成熟。不过，自然成熟的水果，尤其是娇嫩的热带、亚热带水果，极难长时间保存，也很难运输。我们能在中国南方以外的地区吃到香蕉这样的热带水果，其实要感谢乙烯利。另外，乙烯利处理过的香蕉，其营养物质与天然熟透的香蕉相比损失不大，而且成熟度均匀、色泽光亮，更有卖相。所以，乙烯利自20世纪60年代被发明以来，一直被当作良好的催熟剂使用。

乙烯利能催熟香蕉，不代表它也能"催熟"小朋友，因为植物激素不能作用于动物。儿童性成熟是受到性激素的调节，在人体内性激素有特定的结构和特异性的受体。无论乙烯，还是乙烯利，都不能在人体内表现出性激素样作用，也不能参与性激素的合成。可以说，乙烯利与儿童性早熟完全无关。

极大剂量的乙烯利对人体有害，但乙烯利的使用量不会过多，因为水果如果成熟过快，反而更容易腐烂，不利于运输。这一特性为消费者提供了安全保障。一般情况下，水果残留乙烯利的量不会很多。此外，乙烯利的水溶性很好，仔细清洗水果，就可以大大减少水果表面的残留。

误区8：浸出油不安全

真相：压榨工艺或浸出工艺生产出来的食用油，只要符合我国食用油质量标准和卫生标准，就是安全的食用油。

食用油的生产方法主要有两种：压榨和浸出。作为一种传统工艺，自古以来人类就用压榨法来生产油脂，但压榨后的油饼残油率在7%～9%。剩下的残油很难用压榨法提取出来。浸出法是利用油脂和有机溶剂相互溶解的性质，在油料压成胚片或膨化后，用有机溶剂（一般用正己烷）将油料中的油脂萃取、溶解出来，然后通过加热、汽提的方法，脱除油脂中的溶剂。利用这种方法，可以将油料残渣中的残油率降低至1%以下。以大豆为例，浸出法比压榨法的出油率要高50%。对油脂生产来说，这个数字是惊人的。现在，对低含油的油料，如大豆，采用直接浸出工艺；对高含油的油料，如油菜籽、花生，则采用先压榨后浸出的工艺。纯粹的压榨法制油目前仅保留在某些可产生特殊风味的油脂加工中，如橄榄油、芝麻油等。

与压榨油相比，浸出油的安全性如何呢？

我国规定，在食用油中不得检出正己烷之类的溶剂残留。浸出油厂用的正己烷必须是食品级，食品级正己烷经过重金属脱除处理，铅、砷等有害金属残留量都低于10ppb（十亿分之一），在成品食用油中的残留量极低。另外，油脂脱除溶剂的最高温度只有110℃，不会生成反式脂肪酸。

食用油是否安全，不在于前段提取使用的是压榨工艺或浸出工艺，而在于后续的精炼工艺。相较之下，土法榨油反而未必安全。

193

从左到右分别是：毛油、中和油（经过脱胶和脱酸）、脱色油（经过吸附脱色）、精炼油（经过脱臭）

误区9：隔夜菜不能吃

　　真相：隔夜并非亚硝酸盐产生的关键，加热也不会增加致癌物的含量。不论是隔夜菜还是隔夜肉，并没有传说中的致癌能力。

　　那么，蔬菜中的亚硝酸盐从何而来？

　　植物生长必须有氮元素。植物吸收环境中的氮，通过复杂的生化反应最终合成氨基酸。在这个过程中，硝酸盐是不可避免的中间产物。在植物体内有一些还原酶，可以把一部分硝酸盐还原成亚硝酸盐。所以，所有的植物中都含有硝酸盐和亚硝酸盐。一般认为硝酸盐本身无毒，而亚硝酸盐如果大量进入人体血液会与红细胞中的血红蛋白结合成为高铁血红蛋白，使血红蛋白失去携带氧的能力，从而出现缺氧症状，严重时可能危及生命。亚硝酸盐在人体内可能转化成亚硝胺，而后者是一种致癌物。

　　日常饮食中，蔬菜是硝酸盐最主要的来源，又以绿叶蔬菜的含量最多。除了蔬菜种类本身，硝酸盐的含量还与种植方式、收割期等因素有关。不同的蔬菜、不同产地的同种蔬菜、不同收获季节，蔬菜的硝酸盐含量都会大大不同。而亚硝酸盐往往与硝酸盐的转化相关。不过，正常情况下，蔬菜中的硝酸盐和亚硝酸盐含量距离危害人体健康的剂量相去甚远。

晚上炒了一盘菜没吃完，第二天再吃，就叫"隔夜菜"。如果早晨炒了菜，晚上吃，那是不是类似的情况呢？隔不隔夜不是问题所在，我们关注的是蔬菜中的硝酸盐是否转化成了亚硝酸盐。这个转化过程可以由蔬菜中的还原酶来实现，不过在菜被炒熟的过程中，这些酶失去了活性，这条路被截断了。另一条途径是细菌，当蔬菜被炒熟，其中的细菌也被杀灭。但是在吃菜的过程中，筷子上会有一些细菌进入剩菜；在保存的过程中，空气中的细菌也可能进入。炒熟的蔬菜更适合细菌生长，而在细菌生长的过程中，硝酸盐就可能转化成亚硝酸盐。因此，隔夜菜中的亚硝酸盐含量与隔不隔夜无关，首先取决于蔬菜本身，其次是菜肴的保存条件，最后才是保存时间的长短。

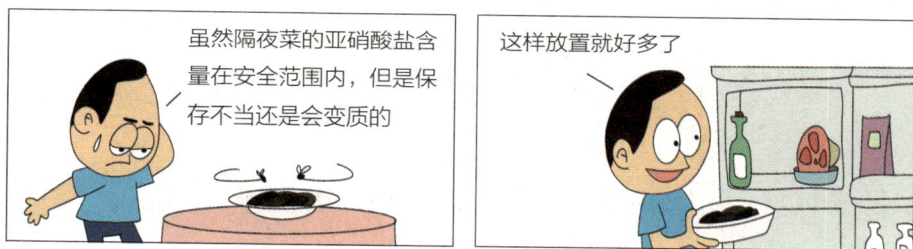

如果我们只是把买来的蔬菜"隔夜"放之后再做，跟做熟之后放"隔夜"相比，有什么差别？首先，蔬菜中的还原酶保持活性；其次，蔬菜上的细菌依然存在，外部的细菌也可以进到蔬菜里去。不过，因为蔬菜结构完整，对细菌的天然防御机制还可以继续发挥作用，所以细菌生长可能不如在熟菜中那么肆无忌惮。

毫无疑问，不管是做成了熟菜放隔夜，还是把生蔬菜隔夜放后烹煮，菜肴中都可能产生亚硝酸盐。至于到底是熟菜还是生菜更适合细菌生长，从而产生更多的亚硝酸盐，取决于炒菜—包装—冷藏的操作链条。实际上，如果是罐头包装的蔬菜，别说隔夜，就算隔周、隔月，亚硝酸盐含量也不见得有多大变化。

如何保存蔬菜呢？出于蔬菜对于健康的益处，我们不可能因为有硝酸盐和亚硝酸盐的存在就不吃蔬菜，我们也不可能每顿都从地里现拔蔬菜来吃。所以，保存蔬菜很关键。减少蔬菜中亚硝酸盐的产生，可以多管齐下。第一，减少蔬菜尤其是绿叶蔬菜的保存时间，现买现吃。第二，需要保存的蔬菜，洗净包好便可以减少携带的细菌。烧好没吃完的蔬菜，也可以密封后保存在冰箱中。冷藏可以大大减少亚硝酸盐的产生。如果实在难以实现频繁买菜，速冻蔬菜其实是个不错的替代方案。

　　说点题外话，隔夜肉会有危害吗？肉中天然携带的硝酸盐非常少，一般家庭烹饪也不会使用含有硝酸盐的调料。跟蔬菜不同，生肉很适合细菌生长，而且生肉携带的细菌可能更多。即使在冰箱的"保鲜"温度下（通常4℃左右）保存，生肉在几天后也会长出大量细菌。所以，对于肉来说，最有效的方式是吃多少买多少，尽量缩短储存时间。如果保存的话，尽量放在冷冻室中；"保鲜"储存的肉，洗净包好可以减少细菌的入侵机会；烧熟的肉密封保存，再次食用前彻底加热。加工的肉类熟食一般含有护色剂（硝酸盐或亚硝酸盐），应在大型超市购买正规厂家生产的熟肉制品。

误区10：凭民间传说可以辨别毒蘑菇

　　每年我国都有相当数量的误食毒蘑菇致死的案例，而对中毒者的调查表明，人们采食蘑菇时凭民间传说辨别毒蘑菇是造成中毒的主要原因。全世界约有14000种大型真菌，形态和成分极其复杂，辨别它们是否有毒需要专业知识，民间传说一概不靠谱。因此对不认识的野生菌，一定不采不食。

　　传说1：鲜艳的蘑菇有毒，色彩朴素的蘑菇无毒。

　　真相：这是有关毒蘑菇流传最广、影响力最大、杀伤力最强的谣言。

　　白毒鹅膏隶属伞菌目鹅膏菌科鹅膏菌属，是世界上毒性最强的大型真菌之一，在欧美国家以"毁灭天使"（Destroying Angel）而闻名，也是近年来国内多起毒蘑菇中毒致死事件的元凶。白毒鹅膏具有光滑挺拔的外形和纯洁朴素的颜色，还有微微的清香，符合传说中无毒蘑菇的形象，很容易被误食，中毒者死亡率高达50%～90%，因此还有个别名叫"愚人菇"。

　　鲜艳的毒蘑菇主要有与白毒鹅膏同属的毒蝇伞。鲜红色菌盖点缀着白色鳞片的形象构成了"我有毒，别吃我"的警戒色。然而，也有一些可食蘑菇种类是美貌与安全并重的。比如，同样来自鹅膏菌属的橙盖鹅膏，具有鲜橙黄色的菌盖和菌柄，未完全张开时包裹在白色的菌托里，显得很萌，有"鸡蛋菌"的别称，是夏天游历川藏地区不可不尝的美味。还有鸡油菌、金顶侧耳、双色牛肝菌和正红菇等，都是颜色鲜艳的食用菌。

致命白毒鹅膏

传说2：可食用的无毒蘑菇多生长在干净的草地或松树、栎树上，毒蘑菇往往生长在阴暗潮湿的肮脏地带。

真相：蘑菇都不含叶绿素，无法进行光合作用自养，只能寄生、腐生或与高等植物共生，同时对环境湿度的要求较高，因此都倾向于生长在阴暗潮湿的地方。环境的清洁程度与生长其中的蘑菇的毒性关系不大。食用菌鸡腿菇经常野生于粪便之上，栽培时也常用牛马粪便作为培养基；反而白毒鹅膏等很多毒蘑菇生长在相对干净的林地。蘑菇生长环境中的高等植物，尤其是与蘑菇共生的松树和栎树，也不能作为蘑菇无毒的判断依据。另外，附生在有毒植物上的无毒蘑菇也可能沾染毒素，采食时须格外注意。

传说3：毒蘑菇往往有鳞片、黏液，菌杆上有菌托和菌环。

真相：鳞片、黏液、菌托和菌环等形态是鹅膏菌属的特征，而鹅膏菌属是伞菌中有毒种类最为集中的类群。按照"有菌托、菌环和鳞片的蘑菇有毒"的鉴别标准，可以避开包括白毒鹅膏和毒蝇伞在内的一大堆毒蘑菇。但是，这条标准的适用范围非常狭窄，绝对不能引申为"没有这些特征的蘑菇就是无毒的"。一方面，很多毒蘑菇并没有独特的形态特征，如亚稀褶黑菇没有菌托、菌环和鳞片，颜色也很朴素，但误食会导致溶血症状，严重时可能因器官衰竭而死。另一方面，这条标准让很多可食蘑菇"躺枪"。比如，常见食用菌中的大球盖菇有菌环，草菇有菌托，香菇有毛和鳞片。

传说4：因为虫蚁不食毒蘑菇，所以虫吃的蘑菇无毒。

真相："汝之蜜糖，彼之砒霜"，人与昆虫（以及其他被称为"虫"的动物）的生理差异很大，大多数对果蝇致命的蘑菇是人类的美味，如红绒盖牛肝菌；同时，很多对人有毒的蘑菇却是其他动物的美食，如豹斑鹅膏经常被蛞蝓取食，白毒鹅膏也有被虫食的记载。

与大蒜同煮可解毒　　　　　虫吃的蘑菇无毒　　　　　银针验毒

传说5：毒蘑菇可致银器变色，毒蘑菇经高温烹煮，或者与大蒜同煮后可解毒。

真相：银针验毒的原理是银与硫或硫化物反应生成黑色的硫化银，但所有毒蘑菇都不含硫或硫化物，不会令银器变黑。高温烹煮或与大蒜同煮可以解毒的说法也不正确。不同毒蘑菇所含毒素的热稳定性不同。以白毒鹅膏为例，它的毒性成分毒伞肽稳定性很强，煮沸、晒干都不会被破坏，人体也不能将其降解。大蒜中的大蒜素有一定的杀菌作用，但对毒蘑菇完全无能为力。

除此之外，有些可食蘑菇含有少量不耐热的毒素，必须烹煮至熟透，否则食用后可能引起不适，吃火锅时尤其要注意。食用菌鸡腿菇中含有鬼伞素，可抑制乙醛脱氢酶的活性，导致乙醛在体内聚集，若大量食用鸡腿菇的同时又大量饮酒，容易出现胸闷气短、面部潮红、头痛、恶心等症状。

误区11：冰箱是"保险箱"

真相：冰箱不是"保险箱"。

冰箱只能通过低温来抑制微生物生长，却不能完全杀死细菌，有些细菌如李斯特菌在低温下仍然能够生长繁殖。使用冰箱，还有很多需要注意的事项。

冰箱不是"保险箱" ❓ 只要是吃的，就能放在冰箱里吗

非也！我虽然很"大肚"，但也不是所有食品都能放进我的"肚子"里保存的

婴幼儿食品	根茎类蔬菜	热带水果	腌制肉品
应该现做现吃	皮质厚实无须冷藏	会被冻伤	冰箱湿度大，容易出现哈喇味

一般家用冰箱的冷冻室温度为-18℃，冷藏室温度在1~7℃。不同的食品都有其适合的冷藏温度，有些食品在冰箱里可以存放一年，而有些食品则只能保存一两天。

确保冰箱冷藏格的温度保持在5℃以下，冷冻格的温度保持在-18℃或以下。

食物最好用小盒分类存放，拿取时方便快速，也能防止交叉污染。

谨记"上熟下生"，即食或已煮熟的食物须放在上格，生的食物则放在下格。

各类食品都有适宜的冷藏温度和湿度，在此温度和湿度条件下，食品可以以最长期限储存，而且不产生质量变化。

部分食品最适宜的冷藏温度和相对湿度

食品名称	温度（℃）	相对湿度（%）	最长储存期限（天）
新鲜畜、禽肉	0~2	75~85	2~3
鲜蛋	0℃左右	83~85	14
新鲜鱼、水产类	-1~1	75~85	2
蔬菜	0~4	85~95	5~7
水果类	2~7	85~95	5~7
巴氏消毒奶	2~6	75~85	3~4

一般食品的冷冻储存期在3~10个月。各类食品冷冻储存的最长时间不同，下表是国际冷冻协会推荐的适宜冷冻温度条件下部分冷冻食品的储存期限。

部分冷冻食品的储存期限（冷冻温度-23~-18℃、湿度90%~95%）

食品种类	储存期限（月）
牛肉	7~10
猪肉	8~11
羊肉、兔肉	6~8
禽类	6~12
鱼类	1~3
其他水产品	4~6
蛋类	6~12
香肠	1~3

哪些食物不宜放入冰箱？

- 香蕉、柠檬、南瓜等果蔬的适宜储存温度是13~15℃，不宜低温储存。
- 火腿不宜冷藏，低温会导致脂肪析出、火腿肉结块或松散。
- 巧克力冷藏后容易结白霜，从而失去原味。
- 面包等面食不宜在冰箱内保存，否则会导致淀粉老化，即掉渣。
- 未开封的饼干、调味料、糖果、咖啡等都不需要放到冰箱里。

误区12：长期食用微波炉加热的食品可致癌

真相：微波炉是通过物理的摩擦生热方式进行加热的，这种加热方式本身相对安全。在营养成分流失和致癌物等有害物质生成等方面，与其他加热或烹调方式相比，使用微波炉可能利大于弊。众所周知，在食物的加热或烹调过程中，只要加热就会有营养物质的损失，损失量取决于温度高低和加热时间的长短。温度越高、加热时间越长，营养物质损失越严重。传统烹调方法中，烧、烤、炸的烹调温度在180～300℃，微波炉烹调的温度通常不超过100℃，而且它的加热时间通常很短。因此，微波炉烹调或加热对食品营养成分的影响相对更小，保留的营养物质更多。

用微波炉加热食品时最好使用玻璃或陶瓷容器（无金属装饰），使用标有"可微波炉加热"的合格的塑料容器加热食物也是安全的。

误区13：食物相克

真相：食物相克的说法大多没有科学依据。

饮食顺序、烹调方法、个体差异等因素都会导致进食后出现不良反应，片面地用"食物相克"来解释是不科学的。进食后出现不良反应，可能有以下原因。

食物不卫生

食物清洗不干净、加热不彻底，造成食物中的致病菌侵入人体，造成腹泻等不适。有一条食物相克的谣言说墨鱼和茄子同食会造成霍乱。其实霍乱是由霍乱弧菌感染引起的急性肠道传染病，而霍乱弧菌经常污染鱼虾蟹等水产品。不难猜到，这个谣言的来源是古人在吃了不洁的墨鱼的同时也吃了茄子，于是可怜的茄子遭了殃。

烹调方式不当

一些食物中含有抗营养因素，如果烹调不当可能造成食物中毒。比如，豆角含有大量生物碱，如果没有烧熟、煮透，食用后就会出现恶心、呕吐、腹痛、腹泻、头晕、四肢麻木等症状。所谓"鸡蛋与豆浆不能同吃"，是因为大豆含蛋白酶抑制剂，能抑制蛋白酶对蛋白质的分解。豆浆一定要煮熟，原因之一是这样可以破坏蛋白酶抑制剂的活性。煮熟的豆浆和鸡蛋一起吃，完全没有问题。

乳糖不耐受

"香蕉和牛奶同食会腹泻""橘子和牛奶同食会腹泻"，等等，主要原因是乳糖不耐受。乳糖不耐受是由于人体缺乏乳糖酶，无法分解牛奶中的乳糖而引起腹痛、腹胀、腹泻等症状。中国人乳糖不耐受的发生率很高，喝牛奶的时候如果碰巧跟别的食物一起吃，就会产生这些"相克"现象。

肠易激综合征

肠易激综合征是最常见的功能性肠道疾病，包括腹痛、腹胀、排便习惯改变和大便性状异常、黏液便等表现，持续存在或反复发作，排除了可以引起这些症状的器质性疾病。患者以中青年居多，50岁以后首次发病比较少见。男女比例约为1:2。肠易激综合征的病因尚不明确，情绪、饮食、药物或激素均可诱发或加重这种高张力的胃肠道运动。肠易激综合征患者无论吃什么，都可能出现腹部不适，从而误认为食物"相克"。

食物过敏

吃了某种食物后突然出现恶心、呕吐、腹痛和腹泻等症状，或者全身起满大大小小的红色丘疹，这就是食物过敏的典型症状。小麦、花生、鸡蛋、乳制品、坚果类、鱼及甲壳类食物是常见的食物过敏原。

其他原因

某种疾病引发的身体不适、发热、呕吐、腹泻等，由于找不到病因，统统归咎于"食物相克"，这是不对的。

误区14：牛初乳能促进婴幼儿智力发育

真相： 在我国，婴幼儿配方食品中不得添加牛初乳及以牛初乳为原料生产的乳制品。限定范围为婴幼儿配方食品，包括婴儿配方食品、较大婴儿和幼儿配方食品、特殊医学用途婴儿配方食品三类食品。

牛初乳是指从正常饲养的、无传染病和乳房疾病的健康母牛分娩后7天内所挤出的乳汁。牛初乳含有丰富的生长因子和免疫因子。对于牛初乳在婴幼儿食品中的添加，国外的态度也十分谨慎，澳大利亚将牛初乳作为补充类药物管理，新西兰则规定添加牛初乳的膳食补充剂不得用于0～4个月婴儿。我国出台禁令的原因主要是：①添加牛初乳的配方奶粉不符合我国乳粉新国标，目前国际上尚未将牛初乳列入婴幼儿配方食品标准及相关标准中。②牛初乳与母乳有很大区别，不能简单等同，牛初乳不能满足婴幼儿长期的生长需求，而且过多的免疫球蛋白对宝宝来说也并非好事，可能成为过敏原。③对于"牛初乳能促进婴幼儿智力发育和增强婴幼儿免疫力"的说法，目前尚缺乏有力的支持证据，同时缺乏牛初乳作为婴幼儿配方食品原料的安全性资料。④理论上讲，由于牛初乳含有更多的激素，因此婴幼儿长期食用牛初乳可能引发性早熟。不过，目前临床上还没有发现因服用牛初乳直接导致性早熟的病例。但是，外源性激素的摄入是近年来儿童性早熟发病率升高不可忽视的因素之一。牛初乳属于生理异常乳，其物理性质、成分与常乳差别很大。⑤牛初乳产量低，工业化收集较困难，质量不稳定，不适合用于加工婴幼儿配方食品。因此，我国发布牛初乳禁令，是对婴幼儿的食品安全负责任。

婴幼儿配方食品中不可以添加牛初乳

误区15：保健食品有疗效

真相：保健食品是食品，没有临床疗效。

保健食品也称"功能食品"，是指具有特定保健功能，适宜于特定人群食用，具有调节机体功能，不以治疗为目的的食品。保健食品具有以下特点。

第一，保健食品是食品，不是药品。它不以治疗疾病为目的，没有临床疗效，也不能宣传具有治疗作用。

第二，保健食品只能起到辅助和调整人体某些功能的作用。由于很多保健食品都是以胶囊、片剂、口服液、冲剂等形式出现，有些消费者误以为保健食品就是药品。

第三，保健食品只适用于特定的人群，即年老体弱、病体初愈、需滋补强身者，或者由于种种原因造成某种营养素缺乏或摄入量不足、单靠膳食不能满足需要的人，额外的营养素补充对于他们来说是非常必要的。因此，保健食品的选择原则是：缺什么补什么，不缺不补。要以每个人的年龄、健康状况等具体情况酌定，最好在专业人员指导下进行。切忌滥补、过补。

2018年2月13日，原国家食品药品监督管理总局发布《总局关于规范保健食品功能声称标识的公告》（2018年第23号），明确了保健食品功能声称标识的有关事项。自2021年1月1日起，未经人群食用评价的保健食品（营养素补充剂产品除外），应在标签、说明书"保健功能"项下保健功能声称前增加"本品经动物实验评价"的字样，标注为"［保健功能］本品经动物实验评价，具有×××的保健功能。"营养素补充剂产品不涉及动物实验和人群食用评价，保健功能声称标识不变，标注为"［保健功能］补充×××。"

误区16：喝热水致癌

真相：再忙别忘喝热水。

谈及癌症或致癌，人们往往会引用国际癌症研究机构（IARC）的致癌物分级（实际不限于物质，也包括行为、环境等）。这家机构是世界卫生组织的下属机构，它提供的分级是最权威、最具影响力的参考指标。2020年11月，IARC根据致癌性资料（对人类流行病学调查、病例报告和对实验动物致癌实验资料）进行综合评价，更新了致癌物清单，将致癌物分类标准由原来的4类5组（1类、2A类、2B类、3类和4类）简化为3类4组（1类、2A类、2B类和3类），即把原来的第3类和第4类进行了合并。这个清单包含了1023种致癌物。

1类致癌物：对人体具有明确的致癌性，121种。

2A类致癌物：很可能（probably）对人体产生致癌性，89种。

2B类致癌物：可能（possible）对人体有致癌性，315种。

3类致癌物：目前尚无法分辨是否有致癌性，498种。

需要澄清的是，IARC的致癌分级依据是致癌证据的确凿程度，而与致癌强度或对人类的实际威胁程度没有任何必然联系。

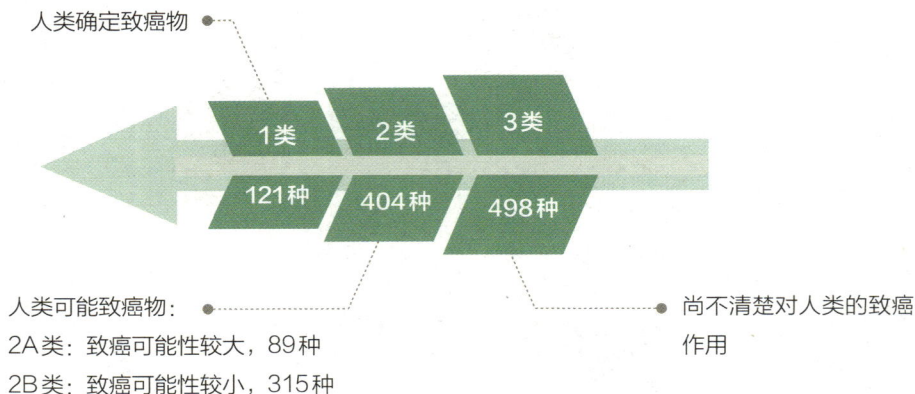

人类确定致癌物

1类 121种 2类 404种 3类 498种

人类可能致癌物：
2A类：致癌可能性较大，89种
2B类：致癌可能性较小，315种

尚不清楚对人类的致癌作用

由10个国家的23位科学家组成的研究团队在《柳叶刀－肿瘤学》上发表了一篇名为《饮用咖啡、咖啡伴侣和非常热的饮料的致癌性》的文章：长期喝很热（65℃及以上）的饮料，不管是白开水，还是茶或咖啡，都可能增加人类患食管癌的风险。IARC也将温度高于65℃的烫水列为2A类致癌物（很可能致癌），即虽然对人类致癌证据有限，但对实验动物致癌证据确凿。

烫水致癌的原理是这样的：65℃的高温给上消化道造成慢性损伤，引发食管黏膜炎症，促进活性氮产生，合成强致癌物亚硝胺，从而诱发食管癌。原来，亚硝胺才是致癌的真凶！

如果文章中文版的翻译者能把"very hot"译作"烫",那么公众悬着的心就妥妥地放下了：谅你也咽不下几口65℃以上的烫水。劝人多喝热水的时候，记得加一句：热水不能太烫哟！那么，多热的水算"热水"？下表列出了水温与体感的大致对照。

水温与体感

水　温	体　感
0～10℃	冰冷刺骨
10～20℃	冷
20～30℃	从"凉"到"不冷不热"
30～40℃	从"不冷不热"到"温"，可承受
40～50℃	从"温"到"烫"，可以坚持2～3秒
50℃以上	烫，只能瞬间接触

特别说明：上述体感因人而异

根据生活经验，火锅汤温度高达120℃，新沏的茶水温度在80～90℃，刚出锅的饺子、面条温度为70～80℃，65℃的烫水只能抿一口。除了饮料，烫的食物也会造成黏膜损伤。火锅好吃，小心烫哟。

误区17：重组牛排不能吃

真相：可以像吃香肠一样放心地吃重组牛排。

香肠、鱼丸、火腿肠、重组牛排有一个共同的名字：调理肉制品。按照《调理肉制品加工技术规范》（NY/T 2073-2011）的定义，调理肉制品是将合格的畜禽肉绞制或切制后，添加调味料、蔬菜等辅料，经滚揉、搅拌、调味或预加热等工艺加工而成的非即食类肉制品。简单地说，调理肉制品就是需要简单再加工的半成品肉制品。这种肉制品丰富了食物品种，方便家庭烹制，而且能减少食品加工过程中的食品原料浪费。

调理肉制品安全不安全？

《食品添加剂使用标准》规定，调理肉制品可以使用卡拉胶、黄原胶、谷氨酸钠等食品添加剂。

　　肉胶：酶制剂，学名"谷氨酰胺转氨酶"，可以让蛋白质分子内部和分子之间形成海绵状结构，既提升口感，又不破坏原有的营养价值，因此被称作"超级黏合剂"。谷氨酰胺转氨酶本身就是可以被消化的蛋白质，因此安全性很高，主要作为稳定剂、凝固剂和加工助剂，在肉制品、水产品、面制品、食品包装材料等领域被广泛应用。

　　卡拉胶、黄原胶：增稠剂，来自海藻，属于可溶性膳食纤维，安全性很高。它们的作用是吸附和锁住水分，让肉的口感更嫩滑。多数时候，几种胶会配合使用，以达到最佳的锁水效果，通常添加量在1%以下。

　　重组牛排除了使用肉胶、食用胶、盐、糖和香辛料，还含有亚硝酸钠、维生素C、复合磷酸盐、大豆分离蛋白、木瓜蛋白酶等食品添加剂，主要作用是给牛肉提色、抑制细菌繁殖、改善牛肉持水性、调节牛肉酸碱度等。

放宽心，调理肉制品不是洪水猛兽，它们都是正经工厂生产出来的。工厂必须要办生产许可证，没有一定规模还办不下来呢。

> **消费小贴士**
>
> ● **认真看标签**
>
> 配料表是不敢乱写的，原切牛排配料表中只有"牛肉"，不含第二种配料；重组牛排配料表中除了"牛肉"，还会出现水、大豆分离蛋白、酱油、调味料、卡拉胶、谷氨酰胺转氨酶、六偏磷酸钠等食品添加剂。
>
> ● **做熟再食用**
>
> 相比整块肉，经预先腌制、调味的调理肉制品更容易滋生细菌，需彻底烧熟、煮透后食用。
>
> ● **调理肉制品里有多少肉？**
>
> 国家标准对调理肉制品中的肉类含量作出明确规定，裹面制品中主料含量占比应≥50%，肉糜类制品中牛羊肉占比应≥8%。

误区18：饭菜先放凉再放进冰箱

真相：食物快速冷却，有利于抑制细菌繁殖，所以饭菜要趁热放进冰箱。

热饭菜在室温下放凉，会给细菌可乘之机，最好密封后直接放进冰箱。世界卫生组织倡导的"2小时法则"，适用于以下几类食品。

生鲜食品：从超市或农贸市场买回的需要冷藏或冷冻的生肉、家禽、海鲜、鸡蛋或果蔬，在室温下放置不要超过2小时；如果室温超过30℃，则不要超过1小时。

另外，汽车内温度一般比室温高，需要低温保存的食品在车内放置不要超过2小时（热天不要超过1小时）。

打包食品和外卖食品：制备好的打包食品，也要在2小时内放入冰箱。外卖食品及时吃掉。

剩饭菜要在2小时内放入冰箱

热饭菜：热饭菜应在2小时内冷藏或冷冻。完全不用担心冰箱受累，冰箱是家电中的"战斗机"，制冷效率高，给热饭菜迅速降温属于冰箱的正常工作，只是稍微费点电。热饭菜用保鲜膜密封或分装在保鲜盒里加盖密封存放，冷却更快，还能完美解决所谓的"热蒸汽"隐患。

腌制食品：食品在腌制过程中也应放入冰箱保存。